南方秘境

Mysterious of South

——Chinese Karst Geography

地理中国 地理系列丛书

朱千华 ◎ 著

——中国喀斯特地理全书

中国林业出版社

圕·图阅社

喀斯特奇观——天窗

喀斯特的神奇之处在于，无论是在地上还是看不见的
地下，都拥有那些奇怪的地理结构与奇特的地貌景观。
比如天窗，它是喀斯特地貌的典型特征，地下溶洞的
顶部，未完全无坍塌，出现一个洞口，这就是天窗，
如果溶洞顶部全部塌陷，则形成天坑。

当一束光线从顶部的天窗投射到曾经万年、亿年不见
阳光的溶洞里，那种对黑暗强有力的割裂与征服，令
人惊心动魄。

序｜喀斯特，我的故乡

白水如棉，不用弓弹花自散；

红霞似锦，何须梭织天生成。

这是清代为皇家园林"颐和园"题写匾额的贵州书法家严寅亮为黄果树观瀑亭撰写的一副脍炙人口的对联。喀斯特在艺术家眼中如梦如幻。可谁又能想到，喀斯特地区有时干旱缺水，一穷二白。

我出生于贵州省威宁县。我的故乡全部都是喀斯特地貌。这里石漠化现象十分严重，百姓生活艰难，但各类型的喀斯特景观之美，又令人惊叹。哪怕是石漠化最为严重的地区，喀斯特除了呈现贫困，却也把另一种"悲情之美"毫无遮蔽地显露出来。

中国南方特殊的喀斯特环境与生态环境对人类生存和经济社会发展产生了多方面的效应。

一方面，以溶蚀、侵蚀和崩塌作用为动力的地质历史演变形成了丰富多彩的热带、亚热带喀斯特景观，在世界喀斯特中占有突显的地位，是高品位的景观资源甚至世界自然遗产，迫切需要人类保护与利用。例如，贵州18个国家级风景名胜区有16个在喀斯特地区。

另一方面，以人口超载、环境污染、毁林开荒、水土流失与石漠化为核心的人类历史演变加剧了脆弱生态环境的退化，区域社会经济发展滞后，在世界喀斯特中具有很强的代

表性，迫切需要治理与开发。例如，贵州"十一五"期间石漠化治理试点县占全国 100 个县的 55%。

中国南方喀斯特地区以贵州高原为中心，地势西高东低，平均海拔 110~2100 米，喀斯特面积 55 万平方千米。这是世界上热带－亚热带、湿润－半湿润平原、丘陵、山地、高原喀斯特系列发育最好的地区，反映了中国南方地质地貌发展史和其特殊的自然地理情况，独特的地貌类型、生态系统、生物多样性、自然美景和发育演化，具有显著的全球价值和意义。中国南方喀斯特是大自然赋予人类的不可多得的财产，是人类与大自然和谐相处的美妙境界，将永远受到世人的礼赞和保护。

中国南方的黔、桂、滇、鄂、川、渝、湘、粤 8 省(区、市)省是我国最重要的喀斯特地区。加以我国多样的气候条件，使我国的喀斯特地貌景观呈现出丰富和多样化的特点，造就了无数绚丽的喀斯特景观。现有不少风景独特的喀斯特地进行旅游开发，如石林、黄果树瀑布、荔波，桂林山水，重庆武隆喀斯特等景区。

穿洞——喀斯特地貌奇观。如果你看到山上石壁如屏，中空一洞，若明月当空。凡有此月洞者，山皆名月亮山，洞皆称月亮洞。月洞部位是碳酸盐富集的地区，岩石较为软弱，在差异侵蚀作用下形成。这是喀斯特地貌发育过程中偶然的结果。

溶洞，是喀斯特地貌最主要的形态。这是石灰岩地区地下水长期溶蚀的结果。石灰岩里不溶性的碳酸钙，受水和二氧化碳的作用，转化为微溶性的碳酸氢钙。因石灰岩层各部分含石灰质多少不同，被侵蚀的程度不同，就逐渐被溶解、分割成互不相依、千姿百态、陡峭秀丽的山峰和奇异景观的溶洞。

溶洞顶部的石灰岩遇二氧化碳和水形成可溶解的碳酸氢钙。碳酸氢钙滴落到地面，由于外界条件变化导致其分解回碳酸钙，日积月累形成了钟乳石和石笋。

喀斯特地区的石漠化景观是人类的巨大生态悲剧，作为人类活动典型的反面教材始终未受到社会审美主流的重视，而其自生的悲剧效应，其功能应如红色旅游资源中的息烽集中营、重庆渣滓洞等所具有的警示意义。与此同时，自20世纪90年代以来，政府、科研机构、当地农民开始进行石漠化治理，并获得一定的治理成效，在一些地方形成特别的石漠化治理景观。因此，转变传统的审美观念，分析喀斯特石漠化所具有的特质，结合人类的审美视觉特点，以"生态悲剧"为主题探讨其旅游价值。

喀斯特地貌与自然景观，也在不断变化之中。石漠化地区，经过不断的人工治理，景观也由单一的石头转变为具有地方特色的景观，例如花椒林、金银花、时令果园、盆景、奇石等。贵州关岭以南、贞丰县以北的北盘江花江河段峡谷两岸，总面积约50平方千米的地区，是我们对石漠化进行生态治理的示范区。如果你有机会经过关岭到兴义的公路，站在亚洲最高的北盘江公路大桥向下眺望，那里原是一片白花花的石漠化山区，如今一片翠绿，漫山遍野都是花椒林——这是现代喀斯特奇观。

喀斯特地貌即岩溶地貌，是指地下水与地表水对可溶性岩石溶蚀与沉淀，侵蚀与沉积，以及重力崩塌、坍塌、堆积等作用而形成的地貌。喀斯特地貌在我国分布广泛，其分布面积大约 130 万平方千米。我国是世界上喀斯特分布面积最大的国家。在我国的喀斯特地区发育了许多奇特的喀斯特地表景观和奇异的地下洞穴景观。喀斯特地貌的主要类型有两种，地表喀斯特地貌和地下喀斯特地貌。地表喀斯特地貌的主要形态类型有以下几种。

溶沟、石芽与石林 水沿较小节理组溶蚀碳酸盐岩，开始形成微小的沟道，叫溶痕。溶痕进一步溶蚀加深加长，称溶沟。溶沟间突出的岩石即为石芽。高大的石芽就是石林，云南石林就是其中的典型代表。

落水洞 直径较小，深度较大，开口位于地表的消水通道。通常为流水沿深裂隙溶蚀，侵蚀并伴以塌陷作用形成。

竖井 由地表通达深埋地下河的垂直通道。一般认为由落水洞进一步发育形成，实地探测发现较深的竖井一般发育在坚硬、层厚的石灰岩中。

天窗 地下河顶板的塌陷部分。从天窗可见到地下河水面，俗称"溶潭"。

天生桥 暗河或洞穴顶板崩塌后的残留部分，两端与地面相接而中间悬空，形如桥状。

漏斗 一种顶平陡边的溶蚀凹地，形成过程中有时加入了崩塌、沉陷作用。这种形态在温带容易发育；在热带、亚热带喀斯特中叠置发育在洼地中、盆地边缘或高原面上。

洼地 通常由漏斗扩大或合并而成。在形态上为四周被锥峰或丘峰所包围的封闭负地形，底部较平坦，覆有坡积物。

喀斯特盆地与溶原 喀斯特盆地是一种大型的洼地。喀斯特盆地继续扩大后就是喀斯特平原。

峰丛、峰林与孤峰 峰丛是同一基座而峰顶分离的碳酸盐岩山峰。峰林为分散的碳酸盐岩山峰，通常由峰丛发展而成。孤峰是峰林发育晚期的残存的孤立山峰。广西桂林就是以峰林为主要特征的喀斯特地貌。

地下喀斯特地貌主要类型是地下溶洞与地下河。地下水沿着岩石的裂隙或落水洞向下运动时发生的溶蚀，形成各种形态的管道和洞穴，并相互沟通与合并。形成统一的地下水位。溶洞的形成，可划分为 3 个阶段，即早期的潜水洞阶段、中期的地下水位洞、半充水洞阶段和晚期的完全脱离地下水位的旱洞阶段。

喀斯特溶洞内主要景观以钟乳石为主，这是指碳酸盐岩地区洞穴内在漫长地质历史中和特定地质条件下形成的石钟乳、石笋、石柱等不同形态碳酸钙沉淀物的总称，它的形成往往需要上万年或几十万年时间。主要类型有鹅管、石盾、石笋、石柱、石塔、石幔、石瀑布、卷曲石、石坝等。

特殊的喀斯特地貌，是在喀斯特环境的不断变化中逐步形成的。以施秉县喀斯特为例。

施秉县位于贵州省东部，地势由西、西北向东、东南部逐渐降低，最高海拔 1615.7 米，最低海拔 520 米，属云贵高原黔中向湘西丘陵过度的斜坡带上。全区位于长江流域沅江水系舞阳河中游地段，由完整的杉木河水系与瓦桥河水系组成，河流皆向南汇入舞阳河。

这里植被茂盛，景色壮丽，具有春暖夏凉、四季如春、降水丰沛的中亚热带山地湿润气候特点。

施秉喀斯特以白云岩喀斯特为特征，主要的地表景观是峰丛峡谷与峰丛谷地，而地下喀斯特不甚发育。喀斯特地貌形态

从分水岭至河谷呈现由峰林谷地→峰丛谷地→峰丛浅洼到峰丛峡谷的有序回春式逆向演化中，其河流纵剖面则阶梯状下降。

　　塘头主河道一带为峰丛浅洼及峰丛峡谷地貌，峰林谷地、峰丛谷地已基本消失，而在部分流量较小的支流，由于溯源侵蚀相对较慢，因此仍可见从峰林谷地到峰丛峡谷完整的演化序列。

国家喀斯特石漠化防治工程技术中心
贵州师范大学中国南方喀斯特研究院

熊康宁 教授

喀斯特山区的石漠化，有自然的因素，更多的是人地矛盾所致。石漠化是可以治理的。从贞丰县城往东北到达查耳岩村，烈日炙烤下，成熟的花椒散发出奇异的芳香。北盘江南岸的顶坛片区，生长着 4000 多公顷碧绿的花椒树。

熊康宁，1958 年生于贵州省威宁县，贵州师范大学教授、中国南方喀斯特研究院院长、贵州省喀斯特首席顾问，博士生导师，享受国务院特殊津贴专家，省管专家，省跨世纪科技人才。
现为贵州师范大学地理与生物科学学院教授、校首席专家。
熊康宁教授在峰林喀斯特形态量计及演化、锥状喀斯特水动力成因过程、洞穴发育演化、"中国南方喀斯特"世界自然遗产研究、喀斯特少数民族地区人地关系、石漠化综合治理等领域的研究成果达到国际先进水平或国内领先水平。

[目录]

【卷二】 喀斯特景观

2007年3月9日，我来到忻城县，这里是刘三姐的故乡。刘三姐的故乡，就这几个字，足以能让你想象出此地的山清水秀，人美歌甜。就在那天，2007年3月9日傍晚，这里发生了一件离奇事件。当时，我正在忻城遂意乡饱览湖光山色，突然传来一声剧烈的响声。轰！这响声震惊山谷，在山间一波一波回荡，传出很远。所有的人被这声恐怖的巨响惊呆了。

更可怕的是，第二天，一个遂意乡百姓赖以生存的湖泊，有几百亩，一夜之间，竟然不见了。湖底都是白花花的大鱼。

这就是南方神秘的喀斯特。它隐藏着许多不为人知的奥秘和令人痴迷的美丽。

除了神秘的天坑、溶洞、地下河，更多的是鬼斧神工般的峰丛峰林，还有天坑地缝、峡谷洞穴等等，共同建构了壮美的喀斯特景观。

走进喀斯特的世界，也就走进了大地的史诗。

千山万壑
——喀斯特景观之"峰"

1. 中国最美的峰丛

（1）高峰深洼——广西七百弄峰丛

七百弄在广西大化县。让大化闻名于世的，不是七百弄，而是大化石。不是大的化石，而是大化的石头。现在，大化石以其体形硕大、坚艳润满成为石中瑰宝而名扬全国。大化石的开发时间不过 30 年左右。

随着大化石的发现，全国各地前来大化淘石者络绎不绝。

峰丛人家。这就是广西大化县的七百弄。当地百姓就生活在大山深处的洼地里，过着几乎与世隔绝的生活。七百弄至今仍然是贫困山区，有时，你要走好几个小时山路，才能隐约看到几户人家。在喀斯特的深山里，人们过着一种很原始很简单的生活。

其中有段路程，要经过七百弄。这是个九曲十八弯的山区，有人站在山腰，忽然被眼前千山万壑的群山惊呆了。远远望去，群山如绿波翻卷，峰峦连绵，这是一片从未看到过的壮美山川。七百弄，又一个国家级的地质自然景观在八桂大地上被发现。

经专家鉴定，连绵不断的七百弄，是世界范围内少有的"高峰丛、深洼地、大峡谷、大洞穴"喀斯特地貌，其主要特征是，由基座相连的石峰和其间封闭的洼地组成，具体要求是，峰顶高程800米以上，洼地深度300米以上。

七百弄的"弄"是当地土语，壮语、瑶语都是指山间的洼地。峰丛、洼地层层相叠，洼上有洼。瑶民、壮民就杂居在弄底，

傍山建房，耕种"碗一块瓢一块"的土地。在这里，大多地名以"弄"开头，如弄平、弄京、弄良等。

山和"弄"构筑了七百弄神奇罕见的景观。山则密集簇拥、千姿百态、高低耸立、大小参差、缓峭连绵；"弄"则风采各异、奇形怪状，如花如蕾，或斜或平、或隆或陷。

七百弄是云贵高原的余脉，陡然生出苍莽逶迤的峰丛洼地，在这里可以看到众多的南方喀斯特地貌，在千山万弄中，有落水洞、漏斗、溶井、溶洞、伏流、地下河天窗、盲谷、石海、石林等。

百弄位于广西大化县北部的七百弄乡和板升乡境内。这片峰丛原属于都安县管辖。据《都安瑶族自治县志》记载：清末民初时期，地方推行团局行政区划，该地划设为 7 个"百团"行政单位。民国二十一年，省宪当局推行乡村甲制度后，该地团局政区撤销，7 个百团遂改为 7 个行政村，即弄昧村、弄甲村、再鸡村、戈水村、甘庵村、戈香村、拉雅村。当地百姓称之为七百弄。七百弄不止有 700 个弄，实际有大小弄场 1037 个。

【千山万弄】

在弄腾村桥圩屯的一座高峰上，翻越八里九弯，这里有一处观景台，海拔 800 多米，站在此处可一览群山全貌，千山万壑尽收眼底。但见山海连绵，山景广阔，峰丛洼地、悬崖陡峭的高峰丛、独特的斗淋和坡立谷地等喀斯特地貌，世所罕见。高峰丛延绵数百平方千米，万峰林立，沟谷纵横，洼地密布，构成浩瀚无边的岩溶准平原景观。

举目遥望，群山连绵，一座紧挨一座，一波紧随一波，涌向天际。重峦叠嶂，层层起伏。环顾四周，那是一派汹涌澎湃的山的浪涛，浩浩荡荡。在这里，春夏秋冬，晨昏四时，皆有不同奇景呈现，或张扬激荡，或舒缓流畅，或朦胧梦幻，

虽然多数喀斯特地区因为地下河发达，地表水无法贮存，造成多数地方干旱缺水，但是喀斯特地貌形态的多样性又常常使得一些山区出现令人惊叹的自然风光，比如喀斯特湖泊就很美。水质清澈，水波澄碧。这种湖泊，多数是地下河通道堵塞而形成。如果有一天，哪个通道忽然疏通了，那么湖水就有可能一夜之间消失。

或瑰丽灿烂，或轻纱缥缈，把观者引入神奇的喀斯特秘境。

观景台的北面是大化最高峰弄耳山，海拔 1000 多米，四周峰丛参天，洼地密布，谷地纵横，浩瀚无边。自南向西北，均为线条圆润、粗犷挺拔的山体，自南向东，则以娟秀峻峭的峰丛为主。南面所见，为最高峰丛，即莲花山。

从"观景台"下山，即到七百弄乡政府，约 13 千米，经过弄滕、弄结、弄歪、弄刨等村寨。如时令凑巧，可遇上布努瑶的大节日，如祝著节（农历五月廿九）等，在弄腾等村寨，亦可领略到敲铜鼓、跳猴鼓舞等布努瑶风情。

【弄歪屯】

亦称弄歪峒，这是一个很特殊的村寨，位于百弄乡弄腾村，建在陡峭崖壁上，现在被称为天街别墅。这个弄屯四面环山，底部平直，宛如一个四角的打谷斗。沿着盘山公路行走两个多小时，才能从山间远远看到弄歪，整个屯只有巴掌大小，再沿着石阶往下走了约摸半个小时才算进到屯里。

弄歪屯长约千米，深 200 多米。从半山腰鸟瞰，有 3 个村落聚集，村人告之，为"福、禄、寿"三星村。村里多有

山环水绕。这种奇特的喀斯特风光，一直被视为祥瑞。古代地理学中所说的"玉带缠腰"，即是如此。山峦环绕，溪水围抱。真乃山水佳境也。有诗赞曰："千古江流环岭绕，万重山色上城来。"

长寿者，此为弄歪屯之一奇。

　　弄屯底部为田畴，垒以石块，围成梯田，形若漏斗，由底部一圈一圈、一层一层环绕山体次递上升。此地形为喀斯特典型地貌之一种，曰漏斗。从山顶看漏斗，状若一圈圈光环，村人谓之"龙卷地"。

　　弄屯里山林茂密，芳草萋萋，3个小村落遥相呼应，村中农夫荷锄，鸡犬相闻。偶有瑶民放歌，山间回荡，一切情景，宛如弄里桃源。

　　这里在2012年共有13户人家44位村民，他们是瑶族的一个分支"布努瑶"，祖祖辈辈生活在这里，以前不通公路，水源奇缺，人均耕地只有0.01公顷，生产生活条件极其恶劣，村民主要依靠政府低保和外出打工收入维持生计。

　　长期以来，布努瑶民居住在自建的简易茅草房中，所谓的房子，是由几根木桩支起，四面用竹片围挡，顶上用茅草和瓦片遮盖。一楼圈养牲口和家禽，二楼住人，三楼则存放玉米和杂物。不仅住着不踏实，还要忍受臭气和蚊虫叮咬。

　　随着七百弄的喀斯特景观被越来越多的人关注，当地政府决定彻底改善村民们的生活条件。按布努瑶族古民居建筑

南方秘境——中国喀斯特地理全书

喀斯特地区，许多地表水都由沟壑流入地下河，使得这些地方的地面缺水，大片地面干涸，稀稀拉拉长有一些小灌木丛。这些地方经过千百万年流水剥蚀崩塌，地表形态已经变得支离破碎，看上去像是一座座古代废弃的城垣。

风格，首先对民房统一规划设计，统一施工。新的吊脚楼亦为3层，下层为农家储物和小养殖，中间住人，上层堆放杂物或做粮库。

2012年秋天，弄歪屯的村民告别了世代居住的茅草树皮房，搬进了具有民族特色的、砖混结构的新型吊脚楼。远远望去，山间楼阁时隐时现，如同天街上的别墅。

2012年8月19日，弄歪屯的老寿星、92岁的老人蒙姆尤，从住了差不多60年的千疮百孔的茅草树皮房中搬出，住进了天街别墅。记之。

【甘房弄】

此处为七百弄最著名的洼地，往北面延伸长5千米，有"十里幽峡"之称，而容积比乐业大石围天坑大2.5倍，要走过1400多级蛇行于乱石灌木丛中的石阶小道才能走到洼底。

甘房弄的深度，据专家测量认定为530米，为世界之最，因此，甘房弄亦被称为天下第一弄。甘房弄洼体四周为陡坡，绝壁千尺，直线下垂，整个弄场就像一个装酒用的漏斗。据

一些边远的喀斯特山区，村民生活在喀斯特地貌环境中，他们的生活与石头有着紧密的联系。出现了很多的石头寨。最著名的有安顺镇宁县、石林圭山镇等地。石头寨，就地取材，在经济上可以减少投入，而且石料坚固耐用，这是喀斯特山区奇特的人文景观。

专家估算，这个"漏斗"的容积达 1.9 亿立方米，全球罕见。

从弄口往下望，依稀可见弄底卧着几个红瓦房，隐没在树木和禾苗的绿色里，显得古朴、典雅、宁静、和谐。一条新修的水泥石阶路笔直而下，直达弄底，这是连接弄里弄外的主要交通，乱石丛生，草木摇漾。瑶民于房前屋后忙碌，牛羊悠然，鸡犬追逐，仿若桃源胜境。可谓"峰峦飞扬，云池梦幻，旷世奇观收眼底；吾辈今来，歌赋长吟，人间风光揽怀中。"

【弄哼】

七百弄著名的洼地，就是海拔 871 米的洼地"弄哼"。弄哼内古树参天、植被丰茂、山泉流淌、云雾萦绕，远眺则峰涛汹涌、轻纱曼舞，近行则曲径通幽、林木繁盛。仰望万山刺破蜀道青天，俯视千弄如见桃源幽梦。这里是人与自然、现代与古朴、超凡与世俗、天上与人间交织的优美的画面。

看不完的山峰，一弄连着一弄。弄里有一些田地、作物，种植有桃树、梅花或梨树。崇山峻岭之中，突如其来的幽静温暖的画面，令人驻足，悬想良久。古朴的瑶族山寨、木屋，星罗棋布于深洼之中，人们日出而作，日落而息。

【故土难离】

七百弄的喀斯特风景虽然很美，生活条件却是相当艰苦。喀斯特地区最典型的特征就是水土流失严重，地下有数不清的暗河，天上下点雨，都流到暗河里去了，所以，地表一直缺水。

南方秘境——中国喀斯特地理全书

长期以来，七百弄一直是贫困的代名词。联合国粮农组织的官员到此考察后，给出七百弄下的结论是：除了沙漠以外最不适合人类居住的地区。

然而，这里的瑶民、壮民却是祖辈都生活在此，这是生命的奇迹，也是喀斯特景观之中的另一个人文奇观。他们在喀斯特地区有一套生存的本领。当地政府为了改变七百弄贫穷落后的面貌，于2000年左右，进行了一次大规模的异地搬迁，把七百弄的村民搬到环江县，一方面解决他们的生存问题，另一方面，封山育林，把七百弄打造成精品风景区。但搬迁动员难度极大，基本上没人愿意主动搬，政府还采取了一些极端手段，包括拆房子。虽说也搬去了一部分，但是很多人去了以后又自动回迁。

就这样，这些瑶民、壮民，依然生活在喀斯特的峰林之间，也许，他们本来就是喀斯特的精灵。

一望无际的喀斯特峰丛，层峦迭嶂，高低错落变化无穷。位于珠江流域的红水河中游。图片所示，为大化至古河42千米长的红水河最精华部分，俗称"红水河八十里画廊"。遍地可见深幽的洼地，四季可泛舟观赏红水河两岸奇山秀水。正是"一片山光一片水光，数声樵唱数声渔唱。"

（2）千峰环野立，一水抱城流——桂林漓江两岸峰丛

桂林山水，是上苍赐给中国人的瑰宝。多少年来，有识之士一直为桂林叫屈。喀斯特地貌，本应该叫做"桂林地貌"的。

"喀斯特"（Karst），是亚得里亚海北岸一处高原的地名，这里位于斯洛文尼亚与意大利交界处。词意是"石头"，意思是布满石头的地方。中国地质学家曾去那里考察，地形起伏不大，低洼处有漏斗和竖井。总体上平淡无奇，根本谈不上引人注目，更谈不上风景迷人。

然而就是这样一个平淡无奇的地方，其地名却成了一个

地理学科的名词。19 世纪末，一个叫斯维伊奇的学者对这里的地貌和水文进行了研究，于 1893 年和 1918 年分别发表了他的研究成果，并以"Karst"一词称呼这里的地貌和这种地貌的形成过程。这样，喀斯特一词，就成了地质学科中的一个专有名词了。

可喀斯特高原那样的地形地貌，与规模庞大、发育完美的桂林山水相比较，如同偏僻的村庄之于大都市，完全是天壤之别。

桂林山水中，群山占有较大的美学空间。在千奇百怪的喀斯特地貌形态里，有两个极容易混淆的地理景观，如果不仔细看，就会搞错。

一个是峰丛，一个是峰林。譬如桂林，当我们漫游在其秀山丽水中，其间的奇峰石山看起来十分相似，其实是有所差异的。区别两者不难，峰林是彼此独立的山峰，你可想到树林，树木都是一棵一棵独立的，所以称为林。远远望去，石峰群像竹笋一样，平地拔起，相互分离，密布在平原之上，因此被称为峰林平原，最有名的峰林，桂林的独秀峰可算是代表。

"峰丛"是指有共同基座的一些石峰构成的地貌。石峰之间常有封闭洼地，其组合地形称为峰丛洼地。石峰群的基部，连成一片，像许多山峰簇拥在一起，故称之为峰丛平原。

桂林地区，是喀斯特地貌发育最完善、最完美的地方。漓江两岸，有峰林，也有峰丛。

这一节，只说漓江两岸的峰丛。

漓江两岸的山地多为峰丛洼地。最明显的是，我们可以看到山脚的地方彼此相连，有的地方是像许多山峰簇拥在一起，中间形成洼地，这就是典型峰丛洼地。

黄牛峡，其实不太像峡谷，两岸山峰亦不甚高。因周围有山头状如牛首，故名。黄牛岩位于漓江西岸，峡上青峰连绵，怪石嶙峋，漓江流经此处，方向陡转，流分为二，分别向左右两边流去，将山前的江滩分为3个小洲，江水拍岸，浪花轻扬，洲上绿草如茵，芦竹交错，偶见牧童横笛，声声悠扬。

明代著名地理学家徐霞客，于崇祯年漫游漓江，他视黄牛峡的山川形胜，可与长江的巫峡同喻，比庐山、赤壁等地景观，别有另一番情调。他用生动的笔调，描写了漓江峰丛的奇异之美："石峰排列而起，横障南天。上分危岫，几埒（lie，相等）巫峡，下突荟崖，数逾匡老，于是扼江，而东之江流齿其北流，怒涛翻壁，层岚倒影，赤壁采矶，失其壮丽矣。"

南方秘境——中国喀斯特地理全书

远处青黛色的喀斯特峰群在清晨的薄雾下，有如一幅水墨画卷。雾锁漓江，使南方喀斯特景观具有了神秘意味。漓江山水画卷随雾展开，山雾，缥缥渺渺，轻雾绕上层层山峦，江水沉静，峰丛萦回。

　　徐霞客对桂林峰丛的描述为："乱尖叠出，十百为群，横见侧出，不可指曲……（漓）江左右自是皆石峰，争奇炫诡，摩不出人意表矣。"他在乘舟考察冠岩而掉舟出洞时，"望隔江群峰丛合"，所以可以说"峰丛"这一名词始于徐霞客对桂林峰丛的考察。

　　在峰丛中蕴藏有巨大的洞穴，以冠岩、阳朔罗田大岩为代表。冠岩洞穴系统长达12千米，有大厅堂、峡谷状洞道、还有垂直深度达110米的。

　　这一带江面开阔，莲花状峰丛绵亘数里，气势磅礴，以险奇胜。

　　黄牛峡是漓江的峡谷区，这里绵长曲折，山高崖陡。正是漓江段最典型的峰丛地带。

最先进入眼帘的是位于西岸的一排长约 2000 米、由水流侵蚀造成的陡崖，陡崖或高或低，似展翅的蝙蝠，故称为蝙蝠山。自竹江至兴坪渔村的这一段漓江河段，是漓江风景中的精华。这一段的峡谷两岸石峰相对高度多在 200 米以上，奇峰夹岸，形态万千的草坪、冠岩、绣山、半边渡、二郎峡、九马画山、黄布滩仙女群峰等构成典型峰丛地貌景观。"万点桂山尖"正是峰丛地貌的真实写照，它既道出了漓江两岸石峰形态的美，更突出了石峰数目之多的特点。与峰林平原不同的是，峰丛洼地的石峰每平方千米有近 10 个石峰。

【草坪】

　　在桂林东南 35 千米的漓江之滨，今属临桂县。与阳朔县交界，

南方秘境——中国喀斯特地理全书

东接灵川潮田乡，北邻大圩镇。漓江的整个游程中，草坪算是观景高潮的"序幕"。这里群峰屏立，两岸奇峰挺秀，水碧山青，茂林修竹，一派葱翠。船前行，但见两岸疏林如画，山村炊烟处处，风景宜人。倒影江中的疏林、群峰、远山，有如水墨丹青。若逢阴雨天气，则烟云绕万峰，更蒙上了神奇的色彩。

草坪是广西唯一的回族乡，人口4000多，回族人口占1/3。此地盛产明橙和朱砂李。

【冠岩】

冠岩位于桂林市南29千米处，漓江东岸的草坪乡，因山形如帝王紫金冠而得名。冠岩是一个巨型地下河溶洞，全长12千米，发源于桂林东面的海洋山。左岸一山，似古时紫金冠，

阳朔漓江风光，是南方喀斯特地貌风景中最重要的代表。喀斯特峰丛、峰林与一湾碧水互为映衬，两岸奇峰林立，翠竹丛丛，奇峰和翠竹倒影在澄碧的江面上，形成一幅独一无二的山水长卷。

卷二 喀斯特景观

山脚有岩洞，为地下河出口，一脉清流注入漓江。明蔡文《冠岩》诗云："洞府深深映水开，幽花怪石白云堆。中有一脉清流出，不识源头何处来？"经岩溶地质研究所勘探查明，在冠岩8千米以外的地方，找到了地下河的源头。

著名的地理学家徐霞客曾来到冠岩探访，他在书中记述："洞门甚高，内更宏洞，悉悬乳柱，惜急流之窦下佹，无从远溯。"

【绣山】

在冠岩不远的漓江左岸是绣山。山石色彩多样，红、黄、赭、绿等各种彩纹纵横交错，山壁色泽多变，仿佛一幅巨大的壮锦高挂江边，色彩斑斓，如织似绣，故名绣山。

【半边渡】

此地江山成一绝，削壁垂河渡半边。过了绣山，就看到右岸石山好似巨斧劈削，陡直的崖壁和江面垂直，沿江的一条小路至此被此巨石切断，无法筑路，人们在岸边摆渡往来。通常渡船是横江而渡，唯独这个渡口是在江的一边往返，于是构成了"半边奇渡"的景色。

【浪石村】

因村前江中滩石激起阵阵浪花而得名。此外风光别具一格，水穿峡谷，船靠山行，两岸浓郁蔽日，丛竹峰峦，延绵不断，倒映江中。若是雨天，景色尤佳，浪石交融，烟雨朦胧。

【二郎峡】

在漓江杨堤至下龙湾一段，距桂林约48千米处。这里奇峰夹岸，水曲天小。江西大黄、笔架、文笔、狮诸峰错落，牙列岸际；江东凤凰、观音、白兔众山傍水，比肩而立。两岸形成峡谷，苹果山如一轮旭日，跃出水面，在峡谷中升起，传为二郎神鬼斧神工所造。无论前后左右、上下远近、晴空万里或云雾缭绕，处处奇绝。

【九马画山】

左前方九峰相连,山面如削,石壁上有白、黄、灰、黑等色,色彩斑斓,呈现出马的画像,名画山;马图最多可见9匹,又名九马画山。

【黄布滩仙女峰丛】

在画山之南,距桂林约62千米的漓江河床中,有一块黄色的岩石,宽数丈,像一块黄布平铺江底,故名。漓江山色美,美在倒影中。漓江倒影要数黄布滩最美。黄布滩两旁,有7座大小不一的峰丛,亭亭玉立,宛若7位浴水而出的少女,人称七仙下凡。在晴天无风的日子,她们的倩影倒映在江中,十分清晰,简直令人分不清水上青山和水中倒影,于是形成了"黄布倒影"的景致。游船至此,倒影微漾,山峰依然。清代文学家袁枚有诗云:"分明看见青山顶,船在青山顶上行。"

九马画山,是漓江著名的景点。这是一座又高又平的山石切面,临江而立,上面有青绿黄白的颜色纵横交错,看上去很像一幅巨大的彩画。

（3）岩溶圣地——乐业大石围峰丛区

　　2001 年 4 月，广西壮族自治区乐业县境内，发现了世界上最大规模的天坑群——以大石围为代表的乐业天坑群。这一发现举世震惊。天坑数量之多，分布之密集，个体规模之庞大，发育之完好，世所罕见，堪称世界地质史上的奇观，被誉为岩溶圣地。

　　在地质学上，天坑叫溶斗、漏斗，是一种典型的喀斯特地貌。是岩溶地区呈漏斗状或碟状封闭洼地，是由天然溶洞逐渐演化过来的。岩溶地区地质结构疏松，地表水沿节理裂

大石围天坑群一带为典型的喀斯特峰丛区，大石围周边，石灰岩岩层经长期风化，已呈半土半石状态，利于植物生长。这里有典型的喀斯特大型岩溶漏斗、独特奇绝的溶洞、原始森林与珍稀动植物及冷热交汇的地下暗河于一体。举目所见，云雾升腾，瑰丽壮观，气象万千。

隙不断溶蚀，石灰岩、石膏等可溶性岩石被溶解。在漫长的地质时期，洞顶、洞壁经常剥落，直到大面积塌陷，以致长年掩藏在地下的溶洞得以重见天日，成为巨大的深坑。由于大多岩壁陡峭，难以行走，就形成相对封闭的生态环境，甚至保存史前物种，是了解地质变化、生物演化的天然实验室。

为了探讨乐业大石围天坑群的发育过程，作者亲赴贵阳，拜访了中国喀斯特权威专家、中国南方喀斯特研究院院长熊康宁教授。

熊教授告诉我，天坑按成因分为溶蚀天坑、沉陷天坑、塌陷天坑。天坑的形成，与当地的气候、岩石特性、地质构造和水文条件有着密切的关系。天坑一般都出现在峰丛喀斯特地区，并且是地面河流切割很深的地区。天坑的形成必须具备 3 个条件：碳酸盐岩、地下河和地壳震荡作用。

天坑的形成过程复杂。在发育的碳酸盐岩岩层下，地下河在不断地流淌，碳酸盐岩因遇水逐渐被溶蚀，形成越来越大的地下溶洞，而后，地壳突然发生地震或板块碰撞等剧烈震荡，岩层发生坍塌。坍塌后的岩石被水流继续溶蚀并逐渐带走，而余下部分的岩层因剧烈震荡形成许多纵向裂隙，在水蚀的作用下再次发生坍塌。如此反复多次后，地下溶洞终于露出地面，形成了天坑。

目前已探明，乐业大石围天坑群分布在 10 多平方千米的范围内，有天坑 27 个，其中世界超大型天坑 2 个，大型天坑 7 个，最深达 600 多米。

在大石围周边村屯又有独特奇绝的白洞、神木、苏家坑、邓家坨、甲蒙、燕子、盖帽、风岩、大坨、穿洞等几十个天坑，形成了世界上独一无二的"天坑群"。在"天坑群"的周边，还有冒气洞、马蜂洞、熊家东、西洞等 50 多个溶洞与之相配。几乎囊括了各种类型的天坑和溶洞景观，成为世界第一天坑群和天坑博物馆。

为什么在乐业县会出现数量众多的天坑，同样是喀斯特地区，其他县却没有出现天坑这种地质现象？

原来，乐业地区的地层呈很少见的 S 形扭曲构造，而乐业天坑群正好处于 S 形构造的中部，即连接两个弧形中转的部位，这个地区在地壳震荡时发生的张力最大，形成拉张裂隙，像切豆腐一样把岩石切成纵向的块状结构，在水蚀的作用下，这些裂隙部位不断发生坍塌，形成天坑。

这一推断解释了与乐业邻近、且具有同样地质构造的其他县为什么没有出现大规模天坑群的原因。

大石围天坑位于同乐镇刷把村，距乐业县城 28 千米。关于乐业天坑群，当地百姓的说法是，乐业有天龙口、地下龙宫、地下海和地下森林。由于深藏山中，人迹罕至。他们一直将天坑称之为"石围"，广东粤北人称天坑为"箩"，但"大石围"比粤北的"通天箩"（位于韶关乳源西北部约60千米处）要大 30 倍。

大石围的奇特之处在于地下有大片的原始森林，是一个相对封闭 的生物圈，面积 9.6 万平方米，为世界第一。大石围天坑垂直深度约为 613 米，东西长为 600 米，南北宽为 420 米，其容积约 0.8 亿立方米。

千百万年来，天坑里的动植物就在这里生老病死，站在天坑边缘往下望，一片郁郁葱葱的地下森林生机盎然，青翠欲滴地生长着一片几乎与外界的生态系统相隔离的原生性植物群落。不仅保留着数千万年前的生物化石，还保存着几亿

大石围底部有人类从未涉足过的地下原始森林，这里也是世界上最大的地下原始森林。地下原始森林树木粗壮、高耸，它们为了得到更多的阳光，只有拼命地向上生长。有好多酸枣树要 3 人合抱才行。

年前的生物物种。在这个奇妙的半封闭的地下世界中，林木丛生、藤蔓相缠、花草争妍，里面有各种奇花异木和无数的神秘动物，植物种类多达 1000 多种，有桫椤、冷杉、断肠蕨、血泪藤、岩黄连、七叶一枝花等珍稀树种。还发现几株高大的酸枣树，每棵需 3 人才可合抱。

坑内有当地人称"飞猫"的动物，前后肢有薄膜相连，展开后可以自由滑翔。专家认定是鼯鼠。

大石围底部的地下溶洞中有数不胜数的石笋、石柱、石瀑、石帘，雄伟巨大，姿态万千，晶莹剔透，犹如一个巨大的水晶世界，让人目不暇接。洞内有两条地下河，水流湍急，最神奇的是河水一热一冷。

河里有世界罕见的盲鱼，通体透明，红色的血液、彩色的内脏器官、白色的骨骼均清晰可见，眼睛却很小，主要是因为长期生活在黑暗中，环境使它的视觉严重退化。

但是，地下河还有多长？地下河的源头、出口在哪里？为什么河水一热一冷？种种谜团，等待人们逐一解开。

1999 年 11 月 10 日。百色地区乐业县组织了一次大石围探险活动。一支科考队从天坑底部进入地下暗河。大约走了 1 千米，地下河溶洞突然收窄，变成一个 6~8 米宽、10~15 米高的大管道。水流也变得异常湍急。让所有人没想到的是，忽然间涨水了。

整个科考队一下子陷入危险之中，如果在地下河的洪峰到来之前没有撤回，所有人都有可能被突如其来的大水淹没。

更糟糕的是，洞顶已经渗水，洞壁上有一些地方也在向外喷水。来时趟水过来的路已经没顶，一跃而过的地方已成天堑。

恐惧一下子笼罩了所有队员。这时，队员中有位武警战士挺身而出，他叫覃礼广，奉命协助这次探险。这位在红水河边长大的青年警官，凭着强健的身体和自小练就的水性，主动在前面探路。突然，覃礼广失足跌入一个巨大的漩涡之中，瞬间，人就不见了。

所有的人一边叫喊，一边寻找，没有任何回音。

第二天，乐业县县委、县政府、武警百色地区支队，一起组成了救援队再次进入地下河，寻找覃礼广。然而，救援人员未能找到覃礼广少尉的任何踪迹。从此，覃礼广下落不明。2000 年，覃礼广被追认为烈士。

2002 年，一支由中英两国探险家组成的探险队，再次来到天坑底部，要对地下河进行探险。他们先在天坑底部扎下营地，再沿着地下河前行。有位探险者忽然发现，在一个石缝里有一个头盔，紧接着，他们又在周围的石缝中发现了遗骨和迷彩服、手电筒、匕首等物品。经 DNA 检验，遗骨及遗物被证实正是两年前失踪的武警少尉覃礼广，距离事发地点仅 150 米。

乐业县的许多天坑，是村民们意外发现的。发现的原因很奇特，是因为天气干旱，村民四处穿山入洞寻水源。喀斯特地区，一个最大的特点就是地表无法仁水，水都漏入地下。乐业县同乐镇央林村就是个典型的喀斯特村庄，只要遇到干旱季节，这里就是重灾区，靠政府送水。这个村庄海拔 1300 米，俗称"九分岩石一掌土"，村里土地 90% 以上都是石山。在如此高的地方根本无法打井取水，只能寻找天坑地洞。一般来说，只要在附近找到天坑，大部分都能找到地下暗河，那样只要用高程抽水机，就可以取到水了。

石花，喀斯特溶洞景观之一，由下滴水流和水花溅出的水珠黏附在洞壁或石笋、石幔的表面后，水珠中的碳酸钙再凝结而成的珊瑚状沉积，呈丛花状散布在洞壁或其他洞穴堆积物表面，洁白晶莹，呈花瓣放射状生长。

2. 中国最美的峰林

（1）山如碧玉簪——桂林阳朔峰林

苍苍森八桂，兹地在湘南。江作青罗带，山如碧玉簪。

户多输翠羽，家自种黄柑。远胜登仙去，飞鸾不暇骖。

这首著名的五言诗是唐代文学家韩愈所作。诗中描绘了岭南的绝美风光以及宏伟博大的气势，特别是桂州（今桂林）

群山如黛，峰如"碧玉簪"的奇特景象，气象万千的姿态，含蓄深长的意趣，极富浪漫色彩和诗画情趣。

漓江一年四季都非常美。但是最引人注目的是漓江的峰林烟雨。群山林立，云纱雾幔，峰回水转，山色空蒙，是岭南山水文化的代表。所有这一切如同奇幻的美景，与阳朔的喀斯特峰林有着密不可分的关系。

桂林阳朔一带是世界上亚热带岩溶发育的典型地区。峰

漓江之美，我们已经叹为观止。但我们能否抬高目光，再看看漓江周边苍莽的喀斯特群山，面对千峰竞翠、万峦逶迤、浩瀚无际的喀斯特世界，我们会由衷地发出惊叹，会由衷地对鬼斧神工的大自然产生膜拜与敬畏。

[卷一] 喀斯特景观

林平原上奇峰林立，千姿百态，具有鲜明的南方喀斯特地貌特征，主要分布于桂林至葡萄镇之间及西部相思江东岸的峰林平原区。

阳朔属典型的喀斯特地貌，群山峻岭连绵起伏，一个个独立的山峰拔地而起。从桂林至阳朔可以见到十分典型的峰丛——峰林——孤峰岩溶地貌，桂林市区属于溶蚀平原，象鼻山、伏波山等孤峰形态变化万千，非常有特色。从桂林到阳朔一路上的地貌形态就是从峰林变化为峰丛，在乘车的路途中，刚开始是基座不相连的峰林，到兴坪镇的时候就为基座相连的峰丛了，真的有种"看山如观画，读山如读史"的感觉。

葡萄镇位于阳朔县城北面，南接白沙镇，东临兴坪镇，西与临桂的南边山乡和六塘乡接壤，北连雁山区，离县城22千米。

葡萄镇喀斯特峰林挺拔突兀，造型隽秀，堪称是喀斯特地形峰林地貌的代表，是世界上峰林地貌发育和保存最为完好的地方之一，被誉为"天下第一峰林"。

葡萄镇峰林由仁和峰林、报安峰林、周寨峰林、福旺峰林、西岭峰林、杨梅岭峰丛、下岩洞村峰林丛组成；拥有丰富的峰丛、峰林和孤峰，岩石嶙峋，奇峰林立，地表常见有石芽、石林、峰林、溶沟、漏斗、落水洞、溶蚀洼地等典型的喀斯特地貌形态。

葡萄镇喀斯特峰林中，有许多星罗棋布、大小不一、形态万千的岩洞，比较有名的有观音岩、尼姑和尚岩等岩洞。此外，更令人惊奇的是，在葡萄镇的峰林中，有一座方圆近10平方千米的古石城，与喀斯特峰林浑然一体，其建筑规模之大、规划之精细、建筑之神奇、在全国喀斯特地区十分罕见。此城建筑在葡萄镇杨梅岭村的崇山峻岭间，建造年代及用途至今仍是一个谜。古石城里现有两个自然村，村民居住的房屋，基本都是坐北朝南而建，均用方整的片石筑成，不使用灰浆、填充物和一钉一铆，却历经风雨，坚固异常。

葡萄镇境内的许多喀斯特峰林间，都有类似的古城堡，把喀斯特峰林与建筑结合为一体，这是在桂林喀斯特的一个重要发现，对我们重新审视喀斯特与人类的关系有着重要作用。

葡萄镇境内有条"小漓江"，名遇龙河。遇龙河两岸青山连绵，造型各异，百态千姿；一路翠竹夹道，绿树成行，芳草萋萋；而若遇晴日，则蓝天白云，碧水绿草，开朗而明快；若逢雨天，更是雾绕云遮，百媚千娇，将阳朔风光表现得淋漓尽致。假若把漓江比作风情万种的大家闺秀，那么，遇龙河就是小家碧玉了。

遇龙河上游有古桂柳运河支流等河流经过，河水清澈，仍有大批的喀斯特峰丛倒映水中，秀美如画。

古往今来，阳朔山水冠绝天下，山青、水秀、洞奇、石美四大景观，造就了阳朔这方人间仙境。迄今为止，世

桂林的峰林景观，在喀斯特地貌中最为常见。峰林与独峰的区别就是，独峰只此一座，而峰林却是"林"，有很多座，被徐霞客誉为"碧莲玉笋世界"。

鱼鹰捕鱼，是漓江一景。鱼鹰脖子下面有一个囊，可以装好几条鱼，它有个特性就是捕到鱼后不会马上吃掉，而是把鱼暂时存放在囊中，渔夫就是利用鱼鹰这个特性，用绳子把鱼鹰这个储物囊的下部扎起来，不让鱼鹰吃到肚子里。渔夫就能轻易地从鱼鹰嘴里取到鱼了。

界上最典型的喀斯特峰林地貌也留在了阳朔，阳朔拥有奇特山峰2万多座，更为重要的是，阳朔的喀斯特峰林，开启了人与喀斯特相互依存的生态模式。丛生如林的塔状石峰与漓江相结合，一湾碧江化作青罗带。唐诗中有一句说得最为形象："城廓并无二里大，人家都在万山中。"

这也许是一种真正的世外桃源。漓江绕城而过，放眼望去，远方群山耸翠，村树含烟，阡陌纵横，屋宇错落。晚上呢，则渔火点点，白沙渔火、兴坪渔火等都是自古有名的夜渔景点，渔火节是阳朔各族人民千百年来承传的一个传统节日。

每当夜幕降临，常常有成百上千的竹筏出动，渔人们点亮竹筏上的渔灯，以此引鱼上钩。盏盏渔灯，阵阵水花，与戴着斗笠穿着蓑衣的渔人和在水面水中上下穿梭时隐时现的鱼鹰相映成趣，形成传统阳朔八景中的一景——漓江渔火。

渔火捕鱼是阳朔民间传统的夜间捕鱼方式。渔民着一叶竹排，排头挂着汽灯，利用鱼在夜间趋光的习性，划排于江中，引鱼汇聚，然后放下丝网将其团团围住，继而放下鸬鹚，渔夫在排上蹬排呼喊，并以桨击水，鸬鹚在水中箭一般穿梭，叼上鱼儿就露出水面引颈而吞（颈子被绳索套住，鱼儿吞不下），这时，渔夫伸竹篙把鸬鹚挑上竹排，把鱼儿挤吐进鱼篓。这种围渔方法一般是群体出现，少则八九张竹排，数十只鸬鹚，多则几十张竹排，成百只鸬鹚。

　　竹排在江上游弋，江面灯火辉煌，水下波光形成游龙晃柱，夜空回荡着人声、拍水声，与四周隐约的峰林构成一幅有声有色的立体画，这种延续了百年的传统捕鱼方式被称作漓江渔火。

　　阳朔的峰林，以多胜，以奇胜，以秀胜。连绵数十里的山峰，如笋拔地，各不相倚，有若星罗棋布，中间穿绕着一条蜿蜒而下的百里漓江，不禁使人兴起，发出"江作青罗带，山如碧玉簪"的咏叹。

　　山拥江城，像一朵盛放的莲花。

喀斯特地区的河流如同快乐多变的小女生，一会儿在地表穿行，风情万种，一会流入地下，神秘莫测。有时，她轻盈地流经喀斯特峰丛，穿村而过，流经山野人家。村前田畴纵横交错，河溪环绕，青山碧水，溪流潺潺，远看渔舟悠闲，近听山歌水调，喀斯特也有数不尽的桃源风光。

（2）参差森列拔笋之岫——云南罗平峰林

徐霞客西南之行，是中国喀斯特文化中的经典篇章。岩溶地貌是他考察的一个重点。在《滇游日记》中，徐霞客总结南方各省的溶岩地貌时说："粤西（广西）之山，有纯石者，有间石者，各自分行独挺，不相混杂。滇南之山，皆土峰缭绕，间有缀石，亦十不一二，故环洼为多。黔南之山，则介于二者之间，独以逼耸见奇。"

"土峰缭绕、环洼为多"，让徐霞客得出如此深刻印象

南方的春天，是以喀斯特地区的油菜花盛开而震撼开幕。那种气势澎湃而热烈，金黄色铺天盖地，波澜壮阔。喀斯特群峰连绵起伏。北方的春天还未到来，罗平，一个名不见经传的小县城，便以细雨无声的轻柔，将漫山遍野的油菜花海呈现在我们面前。

的地方，当属罗平。

　　徐霞客于崇祯十一年（1638 年）五月初九到达滇黔交界的亦资孔驿，八月初六到达广西府（今云南泸西县）。徐霞客曾两次到达罗平。罗平的市街人气很旺，物产丰富，他写道："罗平，著名迤东（即滇东）。"

　　53 岁的徐霞客从师宗走到罗平的兴哆啰，他看到东界罗庄山"参差森列，下多卓锥拔笋之岫"。

　　一日早上，晨雨霏霏。吃过饭后，徐霞客告别房东，继续出发。顺着街道往东南走出去，半里，绕到东峰的南面然后往北走，进入山坞。停下来四处瞻望，才看见前面大山坞朝南敞开，周围群山丛立，有的小石峰像在朝拜，有的像在拱手，参差不齐地立在前面坞中。

在金鸡山，但见"南界石山森森成队南去……其东垂有石特立，上有斜骞之势，是曰金鸡山"。传说此地山中原来有一对金鸡，后来变成二石，一立于村后的山巅，一卧于田中，其山因名金鸡山，村名金鸡村。

当时因为下雨，徐霞客在罗平滞留了4天。烟雨朦胧之中，那一座座奇特的峰林成为他对罗平的永久记忆。

罗平峰林由成片石灰岩山峰组成，集中分布在县城东南部的罗雄、板桥、旧屋基、大水井、鲁布革等乡镇，面积达数百平方千米，为喀斯特峰林地貌的代表之一。

金鸡峰林，是罗平喀斯特地貌的精华。极目远眺，群峰如黛，无数山峰组成的峰林奔涌而来。这是一片发育极好的喀斯特峰丛地貌。峰林面积约1000平方千米，其中峰林密集，形态奇特，景致优美，形成了长约60千米，宽约2千米的"人"字形地带。漫步峰林深处，但见峰如石笋，如长剑倚天，如戈戟森列，更有甚者，峰若乳状，两两相对，惟妙惟肖。

有峰若鹤者，立于群鸡，昂首向天，似在引吭高歌；若凤者，其首、凤喙神形皆备，当地土人谓之凤鸣九天。有石塔倾斜而不倒，有巨石悬空而不坠，有玉柱断裂而不离。峰林丛中，更有一抹抹弥天接地的绿色和点缀在绿色上的各种野花。蓊郁的山林间有成群的白鹇、红腹锦鸡和白腹锦鸡，年年春天，各种色彩的锦鸡在峰林间飘忽，一群群，从山这边飘到山那边，又从山那边飘向天际。

罗平峰林山形奇特，林木深幽，形成了独特的自然环境，成为许多动物繁衍生息的天然乐园。据当地土著居民介绍，罗平峰林间有几十种常见动物，其中尤以野猴谷的野猴最为称奇。

野猴谷，位于一处高山绝顶的槽形地带，上有重峦叠峰，下临险壑深谷，谷深林茂，人迹罕至，因时有野猴出没得名。野猴谷一带的野猴，属猕猴类，俗称恒河猴。目前，已是滇、桂、黔 3 省毗邻县仅存的一群野猴，大约有数百只。

此外，罗平峰林的深山处，还隐藏着一种几乎绝迹的珍稀动物——飞狐。狐且会飞，确是动物界的奇观。它体毛黑褐色，体重一般在 4~5 千克左右，嘴尖似狐，前后肢间生有一层薄膜，可滑翔飞行数十米。它一般生活在原始林间，以树洞为巢，松果为食。飞狐机警多疑，白天躲在树洞或石洞中，傍晚才出来寻食，当地村民常有幸看到飞狐在山间滑翔飞行的情景。

罗平东部峰林柔美温婉，清丽脱俗，峭峰离立，古木参天。峰林间长着许多古榕。榕树是南方特有树种，尤其在亚热带

九龙瀑布，位于罗平县东北 22 千米，是罗平古十景之一的"三峡悬流"所在地。九龙河原名喜旧溪，在长约 4 千米的河道上，凭借地貌差异形成了大小 10 级瀑布。秋天最宜看九龙瀑，水量不小，也最清澈。此瀑布被《中国国家地理》杂志"选美中国"活动评选为"中国最美的六大瀑布"之一。

森林中的潮湿地带，榕树有着极其旺盛的生命力，它的树冠和虬曲蟠结的枝丫四面伸展，不断生出可以汲取地面水分和营养的气须根。一株巨大的榕树，枝柯四伸，气根下垂，落地生根，这样就形成了"一树成林"的自然奇观。其中最大者，树冠可以覆盖约 0.2 公顷的地面。

罗平峰林的东部秀美多姿，而南部的峰林云海则神秘莫测。无论春夏秋冬，只要风雨一来，便可以看到许多奇异景象。林中的烟霭，石山浮云，隐而不蔽，遮而不掩，若隐若现，若即若离。云雾随着微风浮动，时而像一束彩带轻飘，时而像一朵玉兰绽开。墨绿色的峰顶浮在白云上，恍惚如缥渺的仙山，凌空的琼阁，更似幻觉中的蜃楼，神秘迷人。

南部大水井乡一带，地势西北高，东南低，地貌由高原山地、山间小盆地及少量河谷组成，较大的山间盆地为小湖泊，其余大部分属高原山地，多为黑色石灰土的峰林地貌，山势陡峭，基层裸露，峰林峰丛间多为石灰岩溶蚀洼地。其中昝家地一带的峰林，方圆十几里范围内，怪石嶙峋，石笋遍地，故有小石林之称。密密匝匝，大大小小，犬牙参差的怪石上，大都披挂着成片的寄生植物，开着紫红色小花的茑萝、碧绿色的石苇和石楠以及许多不知名的植物。

特别珍贵的是，在石罅中长有野生海棠，有碧云、红花、黄玉等品种。有时还能发现灵芝。

罗平峰林之美，一般人未能深入，故诸多奇峰异林，皆藏于深闺，少有人识。但是，罗平的峰林间铺天盖地的油菜花奇观，是人间盛行的风景，其规模之大为全国罕见，目前，罗平县油菜种植面积达到 2 万公顷。

每年的 2~3 月，进入罗平金鸡峰林，蓝天白云衬托下，一片金黄色的世界扑卷而来，油菜花在阳光下竞相开放，一直绵延至远方黛青色的峰林，最后融入蔚蓝的天际。

登山远眺，花海中的玉带湖、腊山湖、湾子湖像 3 面闪闪的镜子，照耀着山色青翠的白腊山；茫茫油菜花海里，村落点点，溪流纵横；座座孤峰犹如岛屿荡漾在花海中，群丛耸翠，山形万象；牛街石岩溶洼地，呈现出别致的梯田风光；万顷油菜花染黄了村庄，染黄了山野，染黄了大地。

在罗平坝子里，1 万多公顷连片的油菜花，那是怎样的浩大壮观啊，辽阔无边，一望无际。怒放的油菜花变化万千，花姿、花影、花雾、花流、花潮使人陶醉，满眼的流金溢彩，绵延数千米。

2 月下旬，正值云南罗平 1 万多公顷的油菜花竞相怒放的时节，茫茫花海，无边无际。远处，喀斯特峰林井然而立。油菜花漫山遍野铺天盖地，秀峰、村舍、道路、河流，皆融汇到油菜花海，形成了喀斯特高原花海的万种风情。

3. 中国最美的孤峰

（1）象山水月——桂林象鼻山

象鼻山，简称象山，位于漓江与桃花江（旧称阳江）汇流处，因其山形酷似一只站在漓江边伸长鼻子饱饮江水的大象而得名。除了外形神似之外，在象的眼部，恰好有一个对穿的岩洞，名象眼岩。山呈东北走向，长约 180 米，宽约 100 米，相对高度 50 米，海拔约 200 米。

象鼻山因在漓江之滨，原名漓山。唐代莫休符在《桂林风土记》中说，漓山"一名沉水山，以其在水中，遂名之"。沉水山之名较俗，在历史上，鲜见于文人士大夫之文中，应是民间之俗称。明代孔镛，曾在广东、山西、贵州等地任职。他有一首著名的《象鼻山》诗，对象鼻山做了生动描绘：

象鼻分明饮玉河，西风一吸水应波。青山自是饶奇骨，白日相看不厌多。

象鼻山是桂林山水的代表，是南方喀斯特地貌中的独特形式：孤峰。目前象鼻山已成为桂林城的象征与城徽。

象鼻山的象鼻和象腿之间形成一个卷篷式的半圆大洞，每当月明之夜，与江中的倒影，正好合成一个大圆形，如一轮明月静浮水上，故称水月洞。水月洞长 17 米，高约 12 米，宽 10 米。唐代文学家元结在象鼻岩用篆书刻有水月洞三字，

南方秘境——中国喀斯特地理全书

此为水月洞较早之称谓。

　　水月洞是如何形成的呢？桂林是典型的喀斯特地形，在远古时代，桂林地下河很多。水月洞的形成是大自然造就的，大约三亿六千万年前，象鼻山未曾露出地表之时，地下河水对象山进行冲刷侵蚀，日积月累，岩层被冲刷成一个大圆洞，由于地壳抬升，漓江缩小，溶洞穿过山体，形成了现在所能

近距离看象鼻山，是如此古拙。象鼻山是一座喀斯特孤峰，位于桂林市内桃花江与漓江汇流处，是桂林名山之一。由 3.6 亿年前海底沉积的纯石灰岩组成，酷似一头巨象伸长鼻子吸饮江水。

看到的水月洞。水月洞洞口朝阳，亦名朝阳洞。洞在水上，如明月浮水，十分形象，所以水月之名，一直沿用至今。

象鼻山是一座典型的孤峰，孤峰是指在溶蚀谷地或溶蚀平原上的低矮山峰，是石灰岩体长期在喀斯特作用下的产物。象鼻山为石灰岩山体，有多层溶洞，岩石比较坚硬，这样才能承受住上面的岩体，使之不掉落下来。因其处于桃花江和漓江的交汇处，容易受到流水的冲刷与溶蚀作用，其形成在过去主要受到溶蚀作用，而现在是流水机械侵蚀作用，流水对岩石有很强的侵蚀作用，或许经过几百万年甚至几千万年后，水月洞的顶部就会塌陷，那样就没有现在的象鼻山风景了。

象山水月，是桂林山水一大奇景，与南望的穿山月岩相对，一悬于天，一浮于水，形成漓江双月的奇特景观。

水月洞在象鼻山的象鼻和象腿之间。距今 1.2 万年前，地壳抬升，漓江缩小，加速了水月洞的发育，形成一个东西通透的圆洞，成为喀斯特的奇异景观。

水月洞不仅自身奇绝，而且周围环境也很优美。出水月洞，象山东面的漓江之中，有一个长约数里的沙洲，这便是訾家洲，简称"訾洲"。洲上翠竹成林，果树葱茏，四季常绿，林阴里可见人家村舍，秀美雅致。

今象鼻山除象鼻岩、云峰寺、普贤塔等胜迹，最著名的要数象鼻山石刻。

象鼻山摩崖石刻主要是在歌咏山水名胜。如南宋淳熙乙未（1175年）中秋节，张敬夫《水月洞题名》石刻："薄暮自松关放舟水月洞，天宇清旷，月色佳甚，因书崖壁以记胜概。"又如张釜《水月洞题名石刻》："泛舟龙隐，遂过訾家洲，访水月洞，登慈氏阁。从客竟日而归，桂林山水之胜，冠绝西南。"写出了象鼻山幽雅的景致。

水月洞有石刻50多件，多数属于宋人题刻。刊刻在水月洞内陆游的书札，堪称桂林石刻中的精品。行文为龙飞凤舞、飘逸而又雄劲的行草书，共4幅。陆游并未到过桂林，刻在水月洞崖壁上的诗和信札，是他写给在桂友人杜思恭的。杜思恭当时为昭州（今广西平乐）太守，与陆游是同乡好友。他到广西为官后，仍与陆游保持密切的书信往来。杜思恭去信向他索诗，他便于庆元三年（1197年）正月二十四复信，并附上7首诗，这些诗后来都收录在《剑南诗稿》中。杜思恭如获至宝，于是在当年的4月，命工匠把陆游的诗札刻于水月洞崖壁上，并在跋记中赞它"语精而墨妙"。当时，陆游已是73岁的古稀老人，穷居家乡，体弱多病。然而在他的诗里洋溢着拳拳爱国之心，强烈的爱国热情溢于言表。

很多人从外观看象鼻山，却未曾想到，那大象的肚子里，竟然是个冬暖夏凉的大酒窖，装满了桂林名酒——三花酒。

桂林三花酒颇有历史，古时，被称作"瑞露"，宋代来桂林做官的范成大饮后称赞"乃尽酒之妙"，可见对它评价很高。所谓三花者，至今说法不一。一说是因酿造时蒸熬三次，摇动可泛起无数泡花，质佳者，酒花细，起数层，俗称"三熬堆花酒"，简称"三花酒"。另一种说法是：在摇动酒瓶时，只有桂林三花酒会在酒液面上泛起晶莹如珠的酒花。这种酒入坛堆花，入瓶要堆花，入杯也要堆花，故名"三花酒"。

三花酒酿成后，一般要装入陶瓷缸内，存放在石山岩洞中，过一两年，让它变成陈酿，使酒质更加醇和、芳香，然后才分装出来。

但是，不管是哪种说法，都离不开象鼻山酒窖的洞藏。笔者有幸进入象鼻山酒窖参观，这里所藏的酒，一般有20年的时间，最好的酒已藏50年。但闻酒香扑鼻，在偌大的酒窖里走上一圈，整个人几乎醉了。

历史上，象鼻山留下了许多文人墨客的轶事。最著名的，莫过于水月洞之名，曾引发了几个文人之间的争论。

宋孝宗乾道二年（1166年），任静江知府提点刑狱的张维（字仲钦），常来水月洞游宴，到晚不归。当时，有位住在象鼻山寺庙里叫了元的僧人，知张维心意，便逢迎他的爱好，在水月洞旁建了座亭子，供他赏景。

张孝祥于宋孝宗乾道元年（1165年）来到桂林，任广南西路经略安抚使兼静江知府。乾道二年（1166年）张孝祥离任归乡的前夕，接任广南西路经略安抚使的张维，邀请张孝祥等同宴于新亭子，以为饯别。张维请张孝祥给新亭子命名。

张孝祥对眼前新建的亭子思量一番，看见亭子向东，沐浴着晨曦，于是也将此亭命名为"朝阳亭"，并将水月洞改为"朝阳洞"，此举得到同游者赞成。张孝祥书写了"朝阳洞"3

个大字，刻在水月洞内。同时作诗2首，并写了《朝阳亭诗序》，说明命名的由来，刻于水月洞东壁。

7年后，即南宋孝宗乾道九年（1173年），南宋杰出诗人、学者范成大来桂林任广南西路经略安抚使。他游朝阳洞时，了解到朝阳洞原称水月洞，是张孝祥所更名。范成大认为张孝祥这样随便改名，做法不妥：

一是"水月洞"这个名字很形象，名副其实；

二是以一己一时的感情来更名，没有得到人们的认同；

三是桂林西山的隐山六洞已有"朝阳洞"，不应该重复。

为此，范成大写下了《复水月洞铭并序》，刻于水月洞内西壁，要人们"百世之后，尚无改也"。这则碑文文辞清丽典雅，并有疏淡闲适的书法艺术。

在象鼻山云峰寺后的岩壁上，有一石龛，龛内主像为彩绘送子观音的摩崖造像。据史料记载，这龛送子观音建于唐代。此观音身穿华服，面带微笑，充满了慈祥爱意，双手搂抱小孩于胸前，在观音的左右两边是她两个侍子（"文化大革命"时被破坏）。整组造像刀法精美，形象生动，是一尊很民间化的雕塑，也是桂林仅有的一尊送子观音。

[卷二]喀斯特景观

（2）城边一峰拔地起——桂林伏波山

在桂林市中心，漓江西岸，依山傍水耸立一座孤峰，宛如春笋出土，葱绿玲珑，与象山遥遥相望。这就是山、水、洞、石、庭院、文物六美兼具，被誉为桂林山水缩影的"漓江守护神"——伏波山。伏波山素以岩洞奇特、景致清幽、江潭清澈，并以"伏波胜景"成为漓江八景之一。

伏波山和象鼻山都是处于溶蚀平原上，也是一座孤峰，其岩性与象鼻山相同，层厚而质纯。在其山脚有一处侧洞，侧洞是在峰丛石山或峰林石山脚下的洞穴，是河岸上的石山被洪水冲击、溶蚀而成的岩洞，在洪水面上发育，一般洞不深不大。伏波山这条似钟乳石的岩体即为洪水期桂江洪流冲蚀、溶蚀所成。

岩溶地貌是由于地壳运动，沉积在大海中的岩层被整体抬升，被抬升后的岩体存在许多的裂缝，这些裂缝长期受到流水的冲刷和溶蚀作用，深切形成溶蚀洼地和溶蚀谷地，同时也形成了峰丛和峰林。峰丛是一种连座峰林，顶部山峰分散，基部相连成一体；峰林是成群分布的石灰岩山峰，山峰基部分离或微微相连。峰丛和峰林可以互相转换，当地壳抬升，峰林就变成了峰丛；当峰丛的基座受到侵蚀，就变成了峰林。

流水的侵蚀和溶蚀作用以及在风化作用的条件下，溶蚀

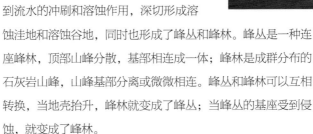

谷地就变成了溶蚀平原，原来的山体也就形成了孤峰。

　　但是形成后的溶蚀平原和孤峰并不是不会再变化了，当地壳运动活跃的时候，地壳又会受到抬升，这样就进行了一个新的轮回。

　　伏波山孤峰傲立漓江西岸，江水由北而来被山峰阻断，在山脚形成巨大的回漩，远远望去白浪滔滔。有诗云："城边

伏波山位于漓江之滨，孤峰雄峙，半枕陆地，半插江潭，遏阻洄澜，故以为名。伏波山是喀斯特地貌中的一种重要形态——孤峰地貌。

一峰拔地起，嵯峨俯瞰漓江水。江流到此忽一折，百道滩声咽舟底。"故名伏波山。

另有一说：传东汉建武帝封战功卓著的马援为伏波将军，率兵南征，坐镇桂林，大胜而归，巩固了东汉的西南疆域，后人为纪念伏波将军的功绩，便在伏波山上修建了"伏波将军庙"，于是伏波将军与伏波山完美结合了。

伏波山是座典型的喀斯特孤峰石山。此类孤峰，多零星分布于溶蚀平原上的低矮石山。它是峰林石山进一步发展过程中，高度降低、个数减少、峰林间的盆地扩大而成为溶蚀平原时的残丘。

进入伏波山，先是一个小园林，中立一牌坊，上书"伏波晚棹"。伏波晚棹是伏波山的一景，傍晚时分立于江边可见渔舟唱晚的绝佳美景，清代广西布政使彭而述有诗："伏波山下系江船，画角钟声破晓烟。无数青山浮水出，中流夜雨带帆悬。"正是对此景的完美写照。

伏波山的南侧，山底部有一岩洞，因洞口低于地面，不到近前则不易发现。洞口上方刻有"还珠洞"三字。进入洞内却见石壁有开凿痕迹，方知其实还珠洞是在山北，无洞相通，过去进洞只能乘船，后来为了方便游览，便开凿了这条通道。洞内约行50米，忽听江水拍岸声，一个巨大的临江洞穴展现在眼前，这才是真正的还珠洞了。

关于还珠洞，明邝露所著《赤雅》记载："其最奇者，有石悬空而下，状若浮柱，去地一线不合。闻昔有神人名揭谛者，试剑于此。"清《广西通志》说："洞中踞石有巨人迹，宛如刻纹。又紫白二蛇，蜿蜒相向，存浮石络其项，大似老龙戏珠"。

试剑石在还珠洞临江一侧，有一个巨大的石柱，上大下小呈漏斗状，细看之下，发现其底部离地有约一厘米多的缝隙，如同被剑所斩，故名试剑石。此乃亿万年前江水冲刷而成，后地壳变迁升出水面。

关于试剑石，宋经略安抚使范成大曾在此举行鹿鸣宴，祝愿乡试告捷的举人，"应表明年第三闻"。在此之前，桂林地区出过两名状元，一是唐代的赵观文，一是宋代的王世则，传说还珠洞的悬石，若是有朝一日上下相连，则天地贯通，此地将出状元。所以试剑石又名……宋梁安世在石旁题刻的《试剑石词》有"怪石虚悬象鼻"，也有称之为"象鼻石"的。

从西边沿着石阶登山，大约半个小时就可以抵达山顶，山顶上是个不甚宽阔的平台，筑有亭阁。众山、市区及悠悠江流尽收眼底。

桂林伏波山刻有宋米芾《自画像》，米芾是北宋四大书法家之一，曾在桂林做官。方信儒于嘉定八年（1215年）摹刻在伏波山还珠洞石壁上。画像神态自然，栩栩如生，其风采犹存，是桂林碑刻中不可多得的一幅艺术佳作。在伏波山上还有范成大的《鹿鸣诗》等。桂林的摩崖石刻以龙隐岩与龙隐洞最为集中，可谓"壁无完石"。仅这两个岩洞中的宋代碑刻就有120多件。

伏波山石刻共有112件，主要集中在还珠洞中。现存最早的为唐咸通四年（863）赵格、刘虚白题名。较著名的石刻有李师中的《蒙亭记》、黄邦彦的《重修蒙亭记》等。洞中还有一处喀斯特奇观——试剑石，相传为汉伏波将军马援得一宝剑，以此石柱试剑，一挥之下，石柱应手而断。

（3）南天一柱——桂林独秀峰

喀斯特发育的晚期阶段，是多数峰林已被溶成残丘平地，只有少数较高山峰零星孤立地耸立在平原之中，称为孤峰，相对高度可达50~100米，如桂林的独秀峰、伏波山等。

独秀峰在桂林城内靖江王府公园中，孤峰突起，高出平地66米，峭拔峻秀，山体扁圆，东西宽，南北窄，有南天一柱之誉。峭壁参云，晨曦夕照，烟霞次开，披上太阳光辉，俨然一位紫袍玉带的王者，故又称紫金山。峰的东面，岩石重叠，刻有紫袍金带，戛然独立，南天一柱等字，草木不生，望之危然。清代学者袁枚有诗赞曰：

"来龙去脉绝无有，突然一峰插南斗。桂林山水奇八九，独秀峰尤冠其首。

三百六级登其巅，一城烟水来眼前。青山尚且直如弦，人生孤立何伤焉。"

南朝刘宋时，文学家颜延之因得罪当权者，被贬桂林当太守。曾写下诗名：未若独秀者，峨峨郛邑间。独秀之名，即由此来。独秀峰东麓，有石屋一间，屋内有天然石窗，石榻，下有水洞通月牙池。相传此地即颜延之读书处。宋人为纪念他，在石屋上方刻有六字：宋颜公读书岩。

太平岩。独秀西麓，原名西岩。洞壁上刻有恭惠王朱邦

宁绘刘海蟾像，俗称刘海洞。明嘉靖间，曾于此挖出一枚钱币——太平通宝，靖江王认为此乃祥瑞之兆，遂以太平名岩。太平岩空间宽大，地面平整，岩顶悬钟乳石，形态各异。岩洞中有六十甲子太岁摩崖石刻。岩前有奇花异木，为洞天福地所在。

　　月牙池。峰北麓有泉，名廉泉，明靖江王因泉凿地为池，

"撑天凌日明，插地镇山河。"这是清代文人廖鸣熙所题桂林独秀峰联。短短十字，却也形象地描述了喀斯特地貌独秀峰景观的杰出代表——独秀峰的绝世风彩。

形似月牙，又名月牙池。池上曲栏回廊，池畔杨柳垂拂，月牙与圣母、春涛、白龙、并称桂林四大名池。

雪洞。在峰之北麓，洞口面向月牙池，高约3米，雪洞乳石最奇。洞壁呈白色，所悬乳石洁白如雪。洞口刻有"雪洞"二字。旁有双凤石。

独秀峰西南麓，有登山石道，共300多级，曲折逶迤，拾级而上。螺蹬穿云。沿途皆前人题刻：天下独秀；昆仑柱立；中天砥柱；拔地参天；一蹴穿云。另有江苏胡午亭诗句：此峰秀峭挺然立，一笔通天独自成。

独秀亭。在独秀峰顶，两层，红柱，六角重檐。高7米。柱间有通透花窗，东西向双开门。亭侧另有方亭。亭前有平台，筑以围栏。置亭中，如临悬崖。登临四望，一城烟水来眼前。戴日月之冠，披紫霞之衣。下视王城内外，官署民舍，鳞次可数，远近诸山环拱，如烟云雾霭间。整个桂林城美如画卷，次第展现。

远处群峰延绵不绝，一带清澈绿水飘忽而过，水映奇峰，峰回路转。览数十里之奇胜，莫如此峰。

明代旅行家徐霞客，曾在独秀峰周围流连忘返，详细写下了独秀峰周围的山川景色。游览过月牙池、太平岩后，他一直想登上独秀峰。无奈王府森严，徐霞客一次又一次请求，一次又一次被拒绝。最后，徐霞客失望离去，前往柳州。不管怎样，一代旅行家，虽然没有登上独秀峰，但他至少到过独秀峰，在独秀峰下徘徊游览过，这仍然是桂林山水的一份殊荣。

独秀峰，孤峰独立，四周群山，奔赴而来，自古为山中之王。最传奇的故事，就是独秀峰下，曾出过两个皇帝，被誉为潜龙之地。第一位是康王赵构，曾任静江军节度使。他在登基之后,念念不忘桂林城，遂将唐代的一个子城逐渐扩大，变成一个省级城市，即静江府。

第二个皇帝是元顺帝，妥欢铁木尔。妥欢铁木尔本是一位太子。他的叔父毒死他父亲后篡位，于是就把他贬到高丽，后来，妥欢铁木尔辗转来到桂林，居住在独秀峰下的一个报恩寺。他的叔父在大都暴病死亡后，1333 年，妥欢铁木尔返上都（今内蒙古正蓝旗），即皇帝位，年号元统。做皇帝之后，他认为是独秀峰山下的神灵庇佑了他，于是将他居住过的报恩寺改为万寿殿，取永久纪念之意。

读书岩的上方，有一幅颇具传奇性的石刻作品：桂林

夕阳西下。漓江之上，薄雾轻起，一幅生动的水墨山水画就在眼前。不久，江上竹筏摇曳，渔火点点，屋檐下连缀的灯笼亮着微黄的光，恍惚中，疑是回到某个久远的年代。

山水甲天下。千百年来，人们不断传颂着这千古名句，可谓妇孺皆知。但是，一直没有人知道这句话出自何处。1983年，桂林市文物考古队的工作人员，在独秀峰清理历代石刻上的沉积物时，意外发现了任何典籍都未曾记录的两首律诗。

百嶂千峰古桂州，向来人物固难俦。峨冠共应贤能诏，策足谁非道艺流。

经济才猷期远器，纵横礼乐对前旒。三君八俊具乡秀，稳步天津最上头。

桂林山水甲天下，玉碧罗青意可参。士气未饶军气振，文场端似战场酣。

夕阳的余光映在明亮如镜的水面上，阡陌纵横间呈现的是一派脱离世俗的田园风光。然而远处若隐若现的小山峰却又给你一种身临仙境的错觉，桂林山水甲天下的魅力一览无余。

九关虎豹看劾敌，万里鲲鹏仜剧谈。老眼摩挲顿增爽，诸君端是斗之南。

诗的作者，叫王正功。桂林山水甲天下，一句随口吟咏之作，平白无奇，却一下子深入人心，成为千古绝唱，这才是一句顶一万句。仅此一句，便成就了桂林的千古美名。

原来早在 800 多年前的宋代，时任广西提点刑狱兼权府事的王正功，在为赴京城赶考的桂林考生饯行的宴会上，当众赋诗，最早提出"桂林山水甲天下"之说。王正功何许人也？宋代鄞县（今浙江宁波）人。20 多岁步入官场，没有后台，为官几十年，兢兢业业。到 60 多岁，任潮州通判，在韩江上修过湘子桥，以便民往来。1200 年，又以 68 岁高龄，升任桂林广南西路（即广西）提点刑狱公事，简称提刑官，主要负责广南西路所辖州、府、军的刑狱公事，核准死刑等，也有权对本路的其他官员和下属的州，县官员实施监察。

嘉泰元年（1201 年），正是大比之秋。是年，广西学子乡试者，共得举人 11 名。王正功闻桂林学子表现不俗，很是高兴，便以地方官的身份，在府中设宴祝贺。兴奋之余，王正功挥笔写下了两首诗，勉励学子们百尺竿头，更进一步。希望他们的学识，如同桂林山水一样，冠甲天下。

如今，登上独秀峰顶，高踞悬崖之巅。登临四望，云生足下，星列胸前。清代的两广总督祁贡在其著名的《增修独秀山记》中，生动描写了独秀山的瑰丽风光："下视城内外，官廨民廛，鳞次可数，远近诸山环拱，如烟云沓霭间。"整个桂林城如画卷次第展现。远处群峰延绵不绝，犹如万马奔腾，眼前孤峰点点奇秀俊美；一带清澈绿水由北向南穿进城市，宛如玉带穿绕于玉笋之间。水景奇峰相互映衬，加上那尚未散尽的轻纱薄雾，真是一幅巧夺天工的泼墨画。

4. 中国生态最完好的自然保护区

（1）茂兰深处——北纬 25° 上的一颗"蓝宝石"

茂兰自然保护区，地处云贵高原南缘，属中亚热带季风湿润气候。保护区内千山绵亘，蜿蜒起伏，形成了大片的原始森林。在这片茂密的丛林中，喀斯特地貌所特有的山、林、洞、瀑、石、水、地下暗河等融为一体，形成了林间、山谷、地下所组成的立体图景，呈现出喀斯特森林所独有的生态系

统。在地球上的同纬度地带，很多喀斯特地区生存环境十分恶劣，石漠化现象十分严重。茂兰自然保护区的宝贵生态资源，是喀斯特研究的一个新课题。

茂兰自然保护区的具体位置，在贵州省黔南布依族苗族自治州荔波县东南部，面积 200 平方千米。1987 年经贵州省人民政府批准建立，并于 1988 年晋升为国家级自然保护区，主要保护对象为喀斯特森林及珍稀动植物。1996 年加入联合国教科文组织"人与生物圈"保护区网。2007 年经

卧龙潭瀑布。这里原是喀斯特暗河——卧龙河的出口处。暗河从崖底涌出，形成一潭，碧波如镜，如碧玉，如翡翠，水满外溢，形成雪崩似的瀑布。潭边喀斯特奇峰林立，古木森森。潭里水声轰鸣，雾雨蒙蒙。

联合国教科文组织审定为世界自然文化遗产。

茂兰保护区内的喀斯特森林，是在地带性生物气候条件背景下，在喀斯地貌、石灰土等特殊生境上形成的非地带性植被。这种森林生态系统同分布在常态地貌上地带性森林植被相比，无论在生态环境方面还是系统组成、结构、功能及对环境的影响等，都有显著不同，是一种很特殊的森林生态系统和非地带性生物地理群落，在世界植被中占有重要地位。

茂兰喀斯特森林延绵数百里，是迄今为止世界上面积最大保存最完整的喀斯特原始森林。进入茂兰，你会强烈感受到绿色生命所迸发出的旺盛的生命力，其巍巍壮观的喀斯特峰丛，广袤奇特的原始森林，神奇迷人的水体景观，变幻莫测的地下溶洞，巧妙地构成了一幅充满原始野趣、古朴纯真的山水画卷。在这片绿色王国里，有国家一、二级重点保护植物100多种，如全身是宝的红豆杉、亭亭玉立的异形玉叶金花以及风姿绰约的各种兜兰等；有国家一、二级重点保护动物60多种，如白鹇、猕猴、穿山甲、飞狐等。

地处中亚热带的茂兰，喀斯特地貌十分典型，形态多种多样，锥峰洼地，层层叠叠，呈现出罕见的喀斯特峰丛景观。保护区岩溶地貌类型是第三纪古热带岩溶基础上继续发育演变而成的。地面枯枝落叶垫积填充，蓄存的地表水与地下暗河、泉水并存，加上年平均降水量达1700多毫米，水源十分丰富，为森林植被的生长发育提供了优越条件。

茂兰，只是贵州省荔波县的一个乡镇。在行政区划上，隶属黔南布依族苗族自治州（州政府驻都匀市）。茂兰的地理位置，已经靠近广西的边界了。就是这样一个偏僻的小镇，给自然界带来了一个意外的惊喜，那就是在茂兰镇发现的大片原始森林。

在这里，喀斯特地貌形态与森林之间，形成了完美的组合，各种各样的树木，其发达的根系伸入岩石缝隙之中，奇形怪状的藤蔓攀附于喀斯特峭壁之上。整个保护区内枝叶繁茂，浓荫蔽日，一派神秘的原始森林景观。

这片原始森林，对于北纬25°而言，是一个意外。这是我国亚热带，甚至是世界喀斯特地区残存下来的一片奇迹。

在保护区内，有一套完整且稳定的森林生态系统，主要包括：气候系统、地质系统（喀斯特地貌、土壤、水文、地下河）、生物系统（植物、动物）、人文环境等。

茂兰保护区属于山地气候，处于中亚热带季风湿润气候区。春秋温暖，冬无严寒，夏无酷暑，雨量充沛，年平均气温为18.3℃。茂兰气候的形成，与当地特殊的地质地貌有直接的关系。茂兰一带，是中国南方喀斯特的核心地带，位于云贵高原向广西丘陵盆地过渡的斜坡地带。现今保存原生性较强的喀斯特森林，就分布于这片斜坡之上。

在茂兰无边无际的喀斯特深山里，到处是莽莽苍苍、浓荫蔽日的原始森林。林中有许多明河、暗流、溪水、深潭、湖泊、瀑布。茂兰原始森林保护区的独特之处在于，喀斯特景观与神秘幽深的绿色森林糅合在一起，让人感觉，仿若置身史前世界。

远观卧龙潭瀑布，如雪崩般的滚水瀑布让人感觉整个世界都在翻动。雪白的瀑布与周围青翠欲滴的树叶搭配，像是一处人间仙境，曼妙多姿。

　　保护区内喀斯特地貌发育齐全，形态多样，奇峰耸立，山峦起伏。喀斯特地貌类型以峰丛、峰林、漏斗、峰丛洼地、暗河、槽谷、盲谷等为主。保护区东部，有小面积的峰丛、峰林盆地分布。区内西北高，东南低，最高海拔 1078 米，其中西部山峰一般海拔 860~1010 米。

　　茂兰保护区的土壤，主要是碳酸盐岩风化后形成的石灰土。石灰土的基本特点是土层薄，但土壤质量很好，机质和氮、磷、钾养分丰富。茂兰保护区内地表水系并不发育，瑶兰河、瑶所河、板寨河及洞山河都是明河，然后流入地下暗河。在整个茂兰保护区，地下暗河系统，可谓四通八达，错综复杂。

　　茂兰保护区现有国家一级保护植物 8 种，分别是异形玉叶金花、红豆杉、南方红豆杉、单性木兰、掌叶木、硬叶兜兰、小叶兜兰、白花兜兰。二级保护植物 24 种，如华南五针松、翠柏、短叶黄杉、香果树、香木莲、榉树等。兰科植物类有 85 个品种。茂兰特有品种，已发现 26 个，如荔波大节竹、荔波鹅耳枥、荔波球兰、短口十穗花杉等。

茂兰保护区现有国家一级保护动物 3 种，为豹、蟒、白颈长尾雉。二级保护动物 32 种，如猕猴、穿山甲、小灵猫、蓝翅八色鸫、细痣疣螈等。发现动物新种 138 种，如荔波壁虎、茂兰弯茎叶蝉、茂兰蕈虻、茂兰眼蕈蚊、茂兰盲目步行虫、茂兰玛琳蛛、茂兰阿纳蛛等。

茂兰最引人注目的，就是大片的喀斯特原始森林。原始森林也分几种，首先是洼地森林。在喀斯特的一些低洼地带，往往会有当地的村民在此栖息生活，常有少量的农田、房舍，山上有泉水流淌，清甜甘美，是村民生活用水的来源。因生活在低洼地带，在森林里可常见瀑布与水潭。青山倒映于水中，山水相依，景致幽丽。特别是峡谷地带，两边青峰挺拔，地下河穿过一山又一山，时出时没。森林深处，浓荫覆盖，遮天蔽日。

野生竹笋。荔波茂兰喀斯特原始森林中，生长着无数的野生鲜笋，是当地百姓招待贵宾的一道纯绿色食品，有色、香、形、脆、嫩等特点，鲜美无比，食之难忘。

南方红豆杉，国家一级重点保护野生植物，为优良珍贵树种，材质坚硬，刀斧难入，主要生长在翁昂乡。南方红豆杉枝叶浓郁，树形优美，种子成熟时，果实满枝，晶莹剔透，令人爱不释手。

茂兰是人与自然的美丽和谐家园，少数民族占总人口的 87%，是世界文化多样性与生物多样性共生繁衍的典范。区内布依族、水族、瑶族等民族，邻山伴水、崇尚自然、古朴神秘，形成了多元的民俗风情，造就了丰厚的民族文化。

　　布依族是保护区的主体民族，最具代表性的尧古布依山寨至今还保存着古法造纸、织布等传统工艺，村民能歌善舞，布依大歌、傩戏、矮人舞等传承完好，其民族服饰以蜡染为主，房屋为干栏式吊脚楼建筑。水族也是保护区内世居

的主要民族之一，至今还残留着一些原始的宗教信仰和禁忌，也保留着自己独有的文字——水书，民族节日以卯节最为隆重，是水族群众的大年。瑶族是一个神秘的民族，保护区内主要为长衫瑶，仅有100多人，信仰自然宗教，崇拜雷神、寨神、山神等，其男子一年四季着自制的长衣长裤，显得威严不可侵犯，妇女服装则以隆臀为美，显得富足而不庸俗。

　　茂兰，延绵百里山水画卷，厚积千年民族风情，是旅人的梦幻天堂。

由于地理位置特殊，茂兰原始的喀斯特地区因亚热带季风的影响，雨量充沛，森林十分茂密，形成了千姿百态的山光水景。

（2）岭南洞庭——广西木论国家级自然保护区

木论自然保护区，地处北回归线北侧，位于环江毛南族自治县西北部，因最早发现于木论乡境内而得名，包括环江县木论乡的东山、下荣、乐衣和川山乡的白丹、社村、何顿共 6 个行政村。

经中科院及国家林业局专家论证，木论喀斯特原始森林，属于中亚热带石灰岩区常绿落叶阔叶混交林生态系统，也是世界上喀斯特地貌区幸存连片面积最大，保存最完好的原始森林。总面积 90 平方千米，1998 年被国务院批准为国家级自然保护区，与南丹县里湖乡、贵州荔波茂兰国家自然保护区连成一片。

环江毛南族自治县位于黔中高原南部边缘的斜坡地带，总地势为北高南低，四周山岭绵延，中部偏南为丘陵，略呈高海拔为 1693 米，最低海拔为 149 米。

东北部山地是九万山系的一部分，最高山峰为凤凰山，海拔 1693 米；北部山地以打格斋为主峰（海拔 1460 米），向南延伸成为大小环江河的分水岭；西北部山地主要山峰是金坳山（海拔 1061 米），自西北向南延伸；西部和南部以岩溶山地为主，间有土山、半土半石山，奇峰高耸，嶙峋陡峭，最高峰为木论乡的小洞坡，海拔 740 米；中部偏南的山地以八仙山最高，海拔 732 米。

县内主要河流有 4 条：大环江、小环江、中洲河和打狗河。4 条河流均发源于贵州省，从北向南流过，汇入龙江。

在木论的峰峦林海中，遍布形似古塔、山顶尖峭的锥形山，在山峰底部，或是平缓，形如盆状的洼地，或是由锥峰围成的深陷的峰丛漏斗，这些奇特的地貌，是地壳运动造成地层断裂和长年日晒雨淋溶蚀的结果。

木论乡是毛南族聚居的地方，在浩如烟海的喀斯特原始森林中，深藏着璀璨神奇的岭南洞庭，叹为观止的大裂崖，雄奇险秀的龙头山、凤凰山等自然景观。

森林内动植物资源丰富，区内保存了许多的稀有植物，有短叶黄杉、香木莲、伞花木、掌叶木异裂菊、黄枝油杉、广东松、

木论喀斯特森林保护区附近，有大小环江，皆发源于贵州省，从北向南流过，汇入龙江。小环江发沿岸峰峦树木葱茏，翠竹倒映，形影相连，由于植被保护良好，江水清澈碧透，沁人心脾。此图即为木论自然保护区附近的毛南族自治县。绿油油的稻田、砖土凝结而成的房屋，都散发着淳朴而生动的乡土气息。

单性木兰为我国特有，仅分布在喀斯特常绿落叶阔叶混交林内。广西木论国家级自然保护区有小片纯林分布，多生长在我喀斯特峰丛漏斗、槽谷、凹地，属极度濒危种，国家一级重点保护野生植物。树高可达 20 米，树径 40 厘米，树皮灰色，树冠浓密，枝叶繁茂，花白色，果红色。

翠柏、八角莲、青檀、白桂、单性木兰、桂楠、环江崔舌木等，共有国家保护的植物 21 种。其中单性木兰是稀有濒危物种，生存年代久远，是一种古老的植物，有很高的科学研究价值，可与"活化石"银杉相媲美，目前仅在环江木论发现。

保护区内还有珍贵的地下块菌数十种，是我国新近发现的品种，因为它口味独特鲜美，在欧美国家被称为厨房里的钻石。

保护区内的属国家一级保护动物的有豹、蟒蛇；属国家二级保护的有猕猴、藏猴、穿山甲、黑熊、大灵猫、小灵猫、林狸、金猫、林麝、苏门羚、斑羚；还有飞禽 27 种。

保护区内森林茂密，各种树木混生，景物变化万千，林木与石头杂生，顽强地攀附在石头上，远看就像长在石头里的树。林间能听到鸟叫虫鸣，还有各种美丽的野花，到了春天，这里山花烂漫。置身其中，犹如走进一个自然清心宁静的世界。

在茂密的原始森林内，还深藏着一条古代商道，古道东起环江县川山镇社村旧屯，西至黔桂两省交界处的黎明关，关北是贵州省荔波县的洞塘乡板寨屯，全长 50 米，全部用青石板铺砌而成，路面平均宽度为 1.24 米，是历代通联桂、黔、川、滇的古驿道。为镇守要塞，设有关隘 9 座。平均每关之间相距 1~2 千米，均由人工堆砌，形如拱门状。每一道关口都设立在极为险峻而隐蔽的位置。现在竖于黎明关上的巨大石碑详细地记述了此事，1933 年出版的《思恩县志》中亦有记载。

古道的地理位置十分重要，过去是贵州、四川、云南与广西、广东等地经济交往的重要通道，两地客商通过此道向外输出药材、兽皮等土特产品，烟商则通过此道向内地贩运鸦片。

悠悠青山，碧碧翠林。凹凸不平的青石阶与周围的山水植物相互环抱，走在这千年古驿道上，鸟语花香，空气中的负氧离子十分丰富，令人心旷神怡。

木论自然保护区周边有 6 个行政村，28 个自然屯，约有 3000 多人口。由于地理位置偏僻，当地的基础设施落后，生产力十分低下。保护区周边百姓的生产方式较为落后，种植的主要粮食作物有水稻、玉米、黄豆等。

毛南族居住的地方重峦叠嶂，耕地不足，他们在石山岩缝中把每一寸土地都开发出来，垒石保土，可以说惜土如金。毛南族人的耕作极其精细，水田往往要一遍又一遍地翻耕，把田中的全部土疙瘩捣碎再栽秧，精细耕作，所以他们的田地粮食产量都很高。

这里的百姓多为毛南族同胞。他们祖祖辈辈生活在大山之中，守护着这片喀斯特原始森林。毛南族人的居室为干栏式样，干栏内外山墙全是以木、石为构架，结实稳当。干栏一般为两层，上面住人，下面圈畜，门外有晒台，采光适宜又可以防潮，这是中国南方民族民居的杰作。

毛南族石墓上的雕刻远近闻名，如今存留在凤凰山上的古墓群就是毛南石雕的典型代表。历来重视精雕细刻的毛南族石匠，在冰冷的石头上给花鸟鱼虫、人物、用具都赋予了生命。毛南族石匠的创作既不描线也不起稿，全凭手中的刀凿根据脑中的构思在石上即兴雕刻，创作出一个个栩栩如生的形象。

他们居住的干栏楼柱是石柱，楼内的台阶是石条，房基和山墙也大部分是由石块制成，连门槛、晒台、牛栏、桌子、凳子、水缸、水盆等也都是石料垒砌或雕凿的，这些石制用品上雕刻的花鸟鱼虫更是美妙绝伦。

（3）物种天堂——弄岗国家级自然保护区

在广西壮族自治区的西南部，左江以南和四方岭以北的喀斯特峰丛洼地中，一座座秀美的山林拔地而起，北热带良好的水热条件自古以来孕育了大片的热带季雨林和丰富多彩的生命形式。这是喀斯特景观对于人类的另一种精美呈现。但是随着人口增长和城市化扩张，大面积的喀斯特地貌资源遭到了严重侵蚀。从高空俯瞰广西全境，只有西南部还能隐约看到黑压压的一片喀斯特丛林，仿佛世外桃源，这便是广西仅存的最后一片净土——弄岗。

弄岗国家级自然保护区位于广西崇左市的龙州和宁明两县境内。

保护区属于我国热带北缘，区内群峰嵯峨、山弄密集、溪流时隐时现，表现出喀斯特地貌的典型特征。这里有世界上罕见的、保存最完好的岩溶地区热带季雨林。弄岗自然保护区是我国唯一的石灰岩季节雨林生态系统的保护区，区内各种动植物神奇诡秘，是我国具有国际意义的陆地生物多样性14个关键地区之一。

20世纪60~80年代，由于广西森林遭遇了几次大规模、全方位砍伐，生态急剧恶化。在喀斯特的岩溶地区，山体主要依靠苔藓和地衣形成的原始土壤进行存水，因此乔木形成的过程非常长，而山体植被遭砍伐后，无法存水，相继出现了石漠化现象。弄岗保护区虽受牵连，但总算躲过一劫。雨

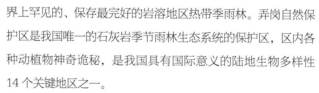

水在每年的夏季光顾，当地人可以趁机蓄水，然后等待秋冬旱季的到来。

　　弄岗保护区一直被认为是广西 16 个国家级自然保护区里保护工作做得最好的一个。在过去 10 年中，在这里已经发现了 8 个植物新种，2 个新种蛇和 1 个新鸟种。

　　进入弄岗保护区，植物景观之茂盛，使人有走进迷宫之感，虽然岩溶山峰上泥土少，但大地上高大的树木、密密麻麻的灌木、野藤等盘根交错，那些具有强大生命力的植物根须神奇般地穿石而下，绕石而过，在石缝中、在裸石上生长，

弄岗国家级自然保护区，位于我国广西壮族自治区崇左市，处于我国热带北缘，是典型的喀斯特地貌。山峰、溪流纵横交错其中，植被为世界上罕见、保存最完好的喀斯特地区的热带季雨林。

见血封喉树，含有剧毒，却也有很好的药用价值。人畜伤口若是接触到它乳白色的汁液，就会心脏麻痹，血管封闭，血液凝固，最后窒息而死，这也是"见血封喉树"这个名称的由来。

有的紧紧包裹住岩石，构成了莽莽苍苍的林海。

弄岗的森林是北热带喀斯特季雨林，说它是热带森林，是因为许多热带植物如望天树和蚬木等都在弄岗有分布，同时也表现出一定的热带雨林特点，如藤本植物、附生植物较多，板根和绞杀现象明显，这些都是热带雨林的特点。但是在喀斯特地区，往往地表水特别缺乏，因此弄岗的喀斯特雨林又与海南、云南的热带森林有很大差别，主要表现为优势植物较明显，如在弄岗的山坡上基本以蚬木和肥牛树为主。

在弄岗区内有一株千年蚬木王。蚬木是国家一级珍贵树种，国家二级保护植物，是热带石灰岩的特有植物。很多人可能不知道，我们家中使用的砧板，多数是用蚬木加工而成的，它韧性大，耐磨损，耐腐，无虫蛀，不易开裂，故蚬木砧板也是南方特产，并以龙州产最为有名。这一棵蚬木王，位于弄岗保护区陇呼片的实验区，龙州县武德乡武德村陇呼屯旁，距离龙州县城约35千米，其胸径3米，树高50米，树龄达2000多年。

弄岗区的许多植物都具有明显的热带雨林特征，如树皮薄、板根现象、茎

南方祕境——中国喀斯特地理全书

花现象、绞杀现象、地上芽现象等。弄岗区有一株巨大的人面子树，它的板根有 11 块，板根高约 5 米，每块宽约 4.5 米，远远望去，就像即将发射的火箭矗立在塔基上。

此外，保护区内还有珍贵的望天树、见血封喉等国家重点保护植物。生长在林缘、路旁的常绿灌木金花茶，是 20 世纪 60 年代初首先发现于广西的珍贵植物。金花茶属山茶科植物，是本类 190 多种植物中唯一开放黄色花朵的类型，生于叶腋的金黄色花朵是培育茶花新品种的种质资源，因而被誉为"茶族皇后"，成为世界著名的观赏植物之一。

真正让弄岗名声大噪的是弄岗穗眉。这种八哥大小的深棕色小鸟，是中国鸟类学家从 20 世纪 30 年代以来，发现的第二个鸟类新种。

在弄岗保护区，还生存着熊猫一样珍贵的动物——白头叶猴。

目前，约有 63 个村，14000 多人口生活在保护区周边，以前盗猎比较猖獗，现在经各级政府宣传，偷猎保护动物的事件很少发生，当然，还有盗猎蛤蚧或者野鸡的现象，但绝没有

喀斯特公主——金花茶，国家一级保护植物，1960 年，发现于广西南宁。金花茶是一种古老的植物，极为罕见，分布极其狭窄，主要生长在喀斯特峰丛谷地。弄岗国家级自然保护区内，发现有野生金花茶。其色金黄，贵不可言。

人敢打猴子这种保护动物。

2004 年，当地的护林员在保护区重新发现了白头叶猴，当地立即采取措施，严格保护这一濒临灭绝的灵长动物。

2007 年，只有 8 个家庭 68 只白头叶猴生活在保护区。

2012 年，10 个家庭共有 88 只白头叶猴生活在弄岗的石灰山上。最大的家庭有 12 只猴子。

另一种濒临灭绝的灵长类动物是黑叶猴，2006 在保护区只有 10 个家庭 64 只。在 2012 年，它们增加到了 14 个家庭 97 只。

冠斑犀鸟在保护区消失了 20 几年，现在也回到了弄岗。

金茶花是一种花朵美丽的植物，只发现于中国和越南。它有 23 个品种，21 种能在我国找到，其中有 6 种分布在弄岗。2010 年以前，他们只是比较罕见的观赏植物，在森林中悄然绽放，枯萎。开花季节，森林里有些角落，衰败的金茶花遍地都是。

由于一些人认为金茶花具有神奇的抗衰老、防各种病变的药用效果，世人争相收购，一千克干野生金茶花的售价超过了 10000 元人民币，当地市场上 500 克鲜花卖到了 400 元左右。一盆野生金茶花树盆景可以卖到几十万元。由于巨大的利益驱使，一些外地人专门跑到龙州来收购，造成了金茶花的毁灭性破坏。

三村山海拔 628 米，上有瞭望台。位于弄岗保护区弄岗片边缘，离龙州县城约 25 千米。登上三村山瞭望台，可以一览弄岗保护区典型的喀斯特森

黑叶猴是国之瑰宝，生活在喀斯特山区，是我国珍贵稀有灵长类动物之一，仅产于广西、贵州，分布区域狭窄，数量很少。清朝嘉庆六年（1801 年）的《广西通志》中这样记载："乌猿，黑如漆，白须长尾，人多畜之。"系国家一级重点保护动物。

林以及峰丛与峰林等喀斯特地貌的壮丽景观。

弄岗自然保护区具有雄、奇、险、峻等峰丛峰林景观,山峰高耸林立,连绵起伏,层层叠叠,美丽如画;有神秘莫测的地下河流,有的地下河由于顶部岩层渗蚀塌陷,使地下河局部露出地表,形成天窗。最典型的是在陇瑞白头叶猴栖息地周围的第一美人湖和第二美人湖,就是地下河天窗形成的,其水质清澈湛蓝,绮丽动人。

在苍莽、原始的喀斯特森林和独具特色的热带雨林中,各种各样新奇古怪的喀斯特植物,生长在喀斯特峰丛洼地和峰林谷地上,形成了有别于其他石灰岩山地的峰丛森林、漏斗森林、洼地森林、谷地森林、石山森林景观。

森林景观还具有浓郁的热带雨林的特色,如终年常绿的蚬木林、肥牛树林,通直高大的擎天树林、东京桐林、林内藤本和半附生藤本、苔藓、蕨类等植物在高直的林木上攀爬悬挂,上下左右盘绕;板状树根、树干上开花(茎花)和"绞杀"等热带雨林景观随处可见,形成一幅神秘、原始的图画。

由于保护区内森林覆盖率高,森林气候性明显,空气清新,负氧离子含量高,被誉为天然氧吧。

桂林一枝
——喀斯特景观之"林"

1. 中国色彩、岩质最独特的石林

（1）酉水河画廊——湖南古丈红石林

在湘西，自然界鬼斧神工，总会给人太多的诡异与神秘。

湘西蛊术、赶尸等奇异的风俗令人惊惧。

在古丈县，红辣子挂满了百姓家的屋檐。如果红辣子是古丈县的生活标记，那么红石林则是古丈县的自然图腾。

在湘西张家界至凤凰的中间地带，是古丈县，这里拥有全国唯一的寒武纪红色碳酸岩石林，其地理位置上东与沅陵县接壤，南与泸溪、吉首两县市毗邻，北和永顺县以酉水河为界。

湘西古丈县红石林为全国所仅有，因交通闭塞等问题，这里一直是游人罕至的地方。红石林位于湖南湘西自治州古丈县境内，核心区占地约 20 平方千米，距离永顺县王村（芙蓉镇）约 15 千米。

红石林属于喀斯特地貌的一种，在我国云南、贵州两省

在古丈县的喀斯特山区，有全国唯一的寒武纪红色碳酸岩石林，在此之前，从未有人发现。在上万年、上亿年的时空里，成片的红色石林、石崖、石墙、石峰，就在这片无人的崇山峻岭之中，悄然发育、生长。

分布较多，石林以灰色为主，像古丈红石林这样的自然奇观，现在全国范围内几乎很少见到。据考证，红石林形成历史约有 4.5 亿年，红石林地域与坐龙溪峡谷一样同属地史上所称的扬子古海，海底沉积了大量混合泥沙的碳酸盐物质，经地壳运动和侵蚀、溶蚀作用，形成了这片美丽的地质奇观。

走进古丈红石林国家地质公园，就如同走进了一个梦幻般的世界，整个景区融红、秀、峻、奇、绝、古于一身，堪称武陵第一奇观。景区内遍布高大奇石，造型各异、颜色变化多端，且随天气、时间、季节变化而变化，晴红雨黑，阴转褐红，晨昏有别。

由于古丈县地理位置偏僻，很少有人关注这片红石林，因此，这里的地理环境是充满了原始的生态美，亿万年的沧海桑田，变成了现在的缤纷世界。红石林中有峡谷、溪流、清泉、如织毯样的草坪、古老的紫藤花，与红石林相得益彰，整体景观秀丽精致清雅。

古丈红石林的面积不算太大，但这里的自然沉淀却很厚重。红石林的核心面积约 20 平方千米，就是这片山林，承载了古丈山水的前世今生。

红石林整体呈现出褐红色，石柱高大密集，远眺似高墙古堡、层叠高耸，古朴粗犷、雄伟壮观。近观其造型各异、古朴雄奇、气势逼人，被诗人们喻为天人摆弄的红石积木园。有的像城堡峰塔、楼兰古城；有的如少女出浴、观音坐莲；有的如棕熊迎客、天狗吠日；有的如七彩迷宫；形态栩栩如生，各色景象变幻无穷，无不充满野趣和粗犷阳刚之美。细心观察还可以发现，这里所有的石头都披着一层细密的纹格，如同珊瑚礁一般。相似的岩石不同的形态、不同的颜色，成岭成峰或成沟壑、峡谷。

红石林下面有岩溶洼地、地下暗河、天窗、泉水等散布，气象万千，既展现了石林发育与地下水的联系，又与其他岩溶地貌构成各种组合形态。成柱成片的红色石林、石崖、石墙、石峰，分布在群山峻岭之中。

在红石林内，遍布着数十个大大小小的各种溶洞，溶洞发育在厚层灰岩、白云质灰岩上，大多属构造溶蚀洞穴，洞内发育有钟乳石、石笋、石柱、石幔、鹅毛管和石帘等。

红石林是喀斯特地貌中的一道漂亮的风景，它包括了石林、峰丛、石柱、河流、湖泊、暗河、瀑布、洞穴、古生物化石等，构成了形态多样、色彩斑斓、层次分明、绚丽壮观的地质地貌景观。由于岩石物质的差异，石芽、石柱有多种颜色，含泥质较重的一般呈灰白色，含铁质较多的因氧化形成红色，故名红石林。

随着天气、湿度的变化，以及石头的氧化程度有强有弱而变化无穷。夏季烈日当空，红石林漫山遍野红艳艳，十分壮观；阴天，石林都是褐红带紫；阵雨过后，顿成褐红，宛

多数喀斯特石林都是灰色调，而古丈红石林，却打破了喀斯特色调的单调，给人清新悦目之感。最珍贵的是，红色的喀斯特石林，只有古丈县才有。

如一幅山水画，雨过天晴，无数石峰又魔幻一般从边缘由褐红变成紫红，此时颜色鲜艳，如工笔重彩，须臾之间，变化多端，令人惊叹。

红石林是一片历史的厚土，也是一片文化的沃土，作为土家族的聚居地，红石林地区至今还完整保留着以毛古斯、摆手舞、傩戏和花灯为代表的土家戏剧，还有以吊脚楼为代表的土家民居文化，以腊味酸菜为代表的土家饮食文化等等。

每年农历正月，古丈红石林地区的土家人都要举行传统的跳马节。节日时，土家后生骑着扎制的战马跃进马场跳起热情洋溢的舞蹈，非常热闹。一切都能让您感受到别样的民俗韵味，感受到一个民族灵魂深处的东西。

（2）岭南晴雪——广西贺州玉石林

如果你在南方，特别是在炎热的岭南地区看到漫天大雪，一定会以为是蜃景或者是幻觉。远远望去，遍地瑞雪。但那不是雪，那是贺州的玉石林。贺州石林是我国唯一的由大理岩构成的石林，其他石林全为灰岩或白云质灰岩所构成。质纯色白的大理岩，也称汉白玉，贺州石林因之被称为"玉石林"，这是喀斯特地貌中又一种奇特的景观。

贺州玉石林由一片十分罕见的汉白玉石柱、石笋组成，它形成于 1 亿多年前的侏罗纪时期，由于燕山期地质的断裂、隆升和长期的岩溶渗蚀及局部受高温影响，加上自宋朝以来 1000 多年的锡矿开采业，使区域内地层峰丛间石芽裸露、奇峰突兀，所形成的石笋石柱、地槽漏斗、狭缝等密布，呈现出众多奇异的自然景观。这种遍地瑞雪的瑰丽石景，完全独立于四周喀斯特峰丛峰林，被地质学家称作地质奇迹，同时被游人称之为岭南八大奇景之一——贺州晴雪。

贺州晴雪，位于贺州市八步区黄田镇，在贺州市以北约18千米姑婆山南麓的新路圩附近，正好处在姑婆山花岗岩与古生代沉积岩的接触带内，由于后来花岗岩侵入，受热变质，成为大理岩。

　　大理岩质纯，经常有较粗大的结晶颗粒，易于被溶蚀，因此，由大理岩构成的石林与由灰岩构成的石林有较大差别，如大理岩石林溶蚀阶段，可生成顶端十分尖锐的石柱。贺州石林形态类型多样，有柱状石林、锥状石林、尖峰状石林和剑状石林等。

　　姑婆山燕山期花岗岩体侵入于古生代地层中，在泥盆系厚层灰岩的接触带上，产生了一片蚀变大理岩，并有热液矿脉贯入，矿脉主要成分为锡石、赤铁矿和脉石英。第四纪以来天气炎热多雨，矿脉顶部风化淋滤成为铁帽，并沿着大理石的垂直节理溶蚀风化，发育成喀斯特地貌形态，形成埋藏于铁帽和风化红土中的石林。

　　贺州石林具有与众不同的岩石成分，别的石林皆为灰色岩石，唯独贺州石林的岩石成分为洁白色粗晶大理岩，远远望去，那就是一片南方的雪原。后来，有些石柱由于长期受到附生在其表面的苔藓类植物干枯风化，被侵染成了黑色，使石林黑白相间，互为映衬，增添了许多迷人的色彩。

　　贺州石林现有面积约25公顷，面积虽然不大，但是它的母体却是莽莽苍苍、横跨湘桂粤3省的姑婆山。天然的玉石林，在绿树碧水的点缀中，可以看到石芽石笋，洁净如雪，石峰石柱，坚贞如玉；数不清的石槽石缝、石坑石洞、石桥石梯、石桌石凳，石珍石宝，石禽石兽。人在其中，能见千姿叠影之妙，可圆万象衍生之梦。

　　雪原玉柱。大理岩在其生成过程中，因为原岩在沉积时杂有的有机杂质于受热变质时已被烧失，岩石变得晶莹剔透，洁白如玉。在其形成石林并露出地表后经长期风化侵蚀，岩石表面常附着一层藻衣和浮尘，使石林看起来呈黑色，但里面还是白色的。因此，在贺州石林园区西南角用稀盐酸洗出一片石林，表面黑色藻衣已被洗掉，石林显出其原来天然本色，进入该区仿佛进入了一片冰雪世界。

洁白的石林如根根玉柱，石柱表面清洁光滑，可以清楚看到原岩的沉积层理细纹，溶井、溶槽、溶蚀廊道和角柱状石柱等均发育完好，一些石柱表面还留有石柱原来在土层覆盖下季节性雨水变化在石柱表面上留下的细密清晰的水平溶痕。"雪原玉柱"地质景观，是研究石林发育过程和溶蚀机理不可多得的地区。

贺州石林中，有小石径四通八达，漫步林中小道，山环水绕，阴阳相生，变幻无常。石林中有几处添设平台，站在宁静幽雅的平台上，环顾四周，可见大大小小的石峰，如簪似玉，罗列其间，组成一幅幅艺术精品，有的像壁画，有的像浮雕，聚焦像象玲珑小品，登高远眺又如巨幅长卷。

玉石林里，有个著名的石林迷宫。从烟雨天桥下来，又似回到人间。眼前是一片石林迷宫，一路上的石头石嘴、石崖石缝、石砦石峰、石坑石洞，演绎人间万象，展示鬼斧神工，组合成阴阳相生的万寿图，山环水绕，变幻无常。据说，宋朝的岳飞将军在这里走了7天7夜，才走出了这个迷宫，他因此悟出一些用兵布阵的道理，创造出一套"移石阵法"，杀敌无数，屡建奇功。曾有人因误入迷宫而不得出，故不宜独自闯入。

石林中的榕树最具特色，长在石峰峭壁上，年逾千岁，飘飘欲仙，树干与石壁同色，树身与石体相连，有的神如飞鹤，有的态似卧龙。石林的雨景更妙，站在半山腰的石凉亭里，观雨中石林，别有一番情趣，时而看到山雾缭绕，时而出现林海雪原，观者至此，心生万象，各自心态不同，各取所需，各有所得，可谓妙趣横生。

贺州石林既是大自然恩赐给人类的一份珍贵的自然遗产，同时，贺州也是人杰地灵的一方沃土。2000年前的汉代，朝廷重封江（即今天的贺江）而轻漓水，故封江流域，文化相当发达，当时的文明程度高于桂林和广州。因此，封中一带，多出豪杰名士。贺州地处封江流域中部，交通要塞，物华天宝，山川秀丽，自然便成了人文荟萃的风水宝地。

贺州石林在历史上曾经留下过许多名人足迹。隋末唐初的贺州神奇秀才陈元光，中唐时期的岭南第一状元莫宣卿，宋朝的民族英雄岳飞、理学泰斗周敦颐，明朝的封阳传奇秀才黎兆等，均相继到过石林，他们在石林留下的许多趣闻轶事，与当地客家山歌艺术交相辉映，形成了丰富灿烂独具贺州特色的石林文化。

2000多年前，汉代以降，在相当长的一段历史时期，历代朝廷都重视对封江的开发，因为它是当时中国对外开放进行国际贸易活动的主要通道之一，有学者称之为"汉秦古道"，或称之为"潇贺古道"。

中国南方古代丝绸之路岭南跨省出海通道，主要就是通过贺州古道。

贺州古道的开通，带来了中原文化与百越文化，黄河文化与珠江文化与海洋文化在贺州的交融。现在，湘桂粤3省专家正在联手共建岭南文化圈，古道文化有望成功申报世界文化遗产。贺州古道的开通，也带来了封江流域的繁荣，其中，石林文化便是其中一个有力的证明。

石林文化，是贺州古道开通后南北文化交融带来的成果，也是辉煌的岭南文化的重要组成部分。

2. 中国最美、面积最大的石林

美丽的"阿着底"——云南石林彝族自治县石林

通常，我们说"石林"，主要是指云南省石林彝族自治县境内的喀斯特地貌。以前叫路南石林，路南是石林县的旧称，距昆明约100千米。尽管全国各地都有石林景观，但若论规模、发现之早、地貌之奇特、名气之广盛，无不以路南石林为最。石林地区居住着彝族同胞，他们祖先经过长途跋涉，从大西北迁徙而来，找到了传说中的天堂"阿着底"。阿着底在彝语中的意思是有水有石的丰饶之地。与我们平常所说的世外桃源、香格里拉等，有相同的意思。

石林是喀斯特地貌的一种特有形态，大约在2亿多年以

前，石林这一片地带，是一片汪洋大海，沉积了许多厚重的石灰岩。经过各个时期的造山运动和地壳变化，岩石露出了地面。约在 200 万年以前，由于石灰岩的溶解作用，石柱彼此分离，又经过长年的风雨侵蚀，无数石峰、石柱、石笋、石芽拔地而起，形成了今天这种千姿百态的石林奇观。

石林是一座名副其实的由岩石组成的"森林"，穿行其间，但见怪石林立，突兀峥嵘，姿态各异。石林壁峰之间，翠蔓挂石，金竹挺秀，山花香溢，灵禽和鸣，一派生机盎然。

进入石林山区，在绿树丛中随处可见峭石插天、石笋丛集，石柱挺立，奇形诡质，各呈异姿，其中最精华者，要数李子箐石林和摩寨石门峰，这里石峰攒聚，如剑戟排空，莽莽苍苍，俨然一片林海，蔚为壮观。丛山之中，或飞瀑直泻，或山泉汇聚，

云南石林喀斯特无论是类型分布的多样性、溶岩发育的独特性、地质演化的复杂性、岩石机理的美学性，还是人文风情的融合性等方面，在世界同类型喀斯特地区都无与伦比。尤其是石林有部分区域是石灰岩与玄武岩交叠覆盖演化成的地质地貌，更是世界罕见。穿行其间，但见怪石林立，突兀峥嵘，姿态各异。由于石灰岩的作用，石柱彼此分离，又经过常年的风雨侵蚀，形成了无数的石峰、石柱、石笋、石芽等千姿百态的喀斯特奇观。

成明镜长湖；这一切构成了广达 3 万公顷的丰富多彩的石林景观。

【奇风洞】

奇风洞是路南石林风景区众多溶洞中最为奇特的一个，它不以钟乳石的怪异出名，而是因其会像人一样呼吸而引人注目，故也称为"会呼吸的洞"。每年雨季，大地吸收了大量的雨水，干涸的小河再次响起淙淙的流水声时，奇风洞也开始吹风吸风，发出"呼""吓""呼""吓"的喘息声，像一头疲倦的老牛在喘粗气。要是有人故意用泥巴封住洞口，它也毫不费力地把泥巴吹开，照样自由自在地呼吸。这是喀斯特奇观中最神奇的一景。

虹吸泉位于奇风洞景区最低点，它又是自然的另一奇观，清澈透明的地下河水，从洞口汩汩而出后，注入了一较深的落水洞，随河水流淌，洞中的水位也逐渐上升，约升高到 1~2 米时，水位猛降，并伴有雷鸣般的排水声，三四分钟后一切恢复原状，接着水位又逐渐上升……约二三十分钟又重复一次。

奇风洞这一奇特的地质是间歇喷风洞、虹吸泉、暗河 3 个部分组成的。间歇喷风洞在山坡中腰的石林边，山脚下有一条 10 余米长的小溪，溪水由地下河出露后，流淌 10 余米便进入了暗河，流过几米长的暗河后落入虹吸泉。虹吸泉是由质地不均的石灰岩溶蚀而成，外部洞口狭窄，内部却有较大的空间呈葫芦状。虹吸泉又与间歇喷风洞在地下有空洞相连，因此，当水流到葫芦口被堵塞，水流增大所产生的压力迫使水迅速往葫芦中挤去，下落的水又把葫芦肚中的空气由地下空洞从间歇喷风洞口挤出，产生喷风现象，水流走后，葫芦口又被堵塞，葫芦肚中的空气压强与外面的不等，物理的作用使空气从喷风洞口回填，形成吸风现象。奇风洞、虹

吸泉、暗河是相互作用的，如果山脚小溪中没有流水，奇风洞就不会呼吸，反之，若小溪流量太大，淹过暗河，奇风洞也不会呼吸。因此，奇风洞的呼吸现象并非四季都有，通常发生在6~10月份。

【李子菁石林】

李子菁石林，旧名李子菁，相传有人于隆冬遥见石上有李二株，结实鲜红，晚不及收，次日寻之不复见，故称（康熙《徵江府志》卷五，山川）。现辟为游览区的面积约80公顷，包括大石林、小石林、外石林。

步入大石林区，绕过石屏，见摩岩题刻"群峰壁立，千峰叠翠"8字，朱德书。穿过曲折的壁间狭道，突然视野开阔，一片如茵草坪呈现在你的面前，四周石峰比肩屏列，拔地而起，如剑穿天，相对高度有的达三四十米。

　　沿着小径蜿蜒向东，仰见两峰同擎一巨石，似有欲坠未坠、千钧一发之感，行人须从危石下经过，不由得快步冲过。惴惴不安地回首相望，那危石竟丝纹未动。复前行，至"且住为佳"处，有崖洞如厅似屋，下设石桌、石凳，栏外有水一泓，可以小憩纳凉。石壁上，有摩岩《石林歌》一首：何处飞来怪石丛，盘根窦窍郁玲珑……

　　四周石峰高耸，层层叠叠，密如刀丛。剑峰池中，一峰突起，如利剑刺天；池色澄碧，如翡翠镶嵌山间。池周游廊迂回，石桥横跨。俯视剑池，天光云影，群峰秀色，尽纳湖底。

　　过莲花峰，达望峰亭。凭栏远眺，层层峰林，莽莽苍苍，

南方秘境——中国喀斯特地理全书

石林湖是一座人工湖，湖面倒映着石林美景，每天早晨，薄雾升起，平静的湖水中，石簇擎天，宛如仙境。在这丛丛石峰中，有一石神似观音出水，故此湖亦称观音湖。

尽收眼底，它宛如一座圆形的城堡，中列万千铁骑，披坚执锐，整装待发。游人披襟挡风，心胸为之开阔，精神为之一振。

【长湖秀色】

在石林南面尾则村旁。周长约5000多米，湖面呈狭长形，故名。在密密的丛林中，它宛如一弯新月，在蓝天中辉耀。湖周新松成林，苍翠欲滴；芳草萋萋，色鲜叶嫩；间有山花，点缀其间。湖水碧绿，似一幅在微风中抖动的锦缎，绿得醉人。漫步其间，只觉得空气清新，松风絮语，鸟鸣山幽。

湖畔有独石山，挺拔秀丽，巍然挺立。清朝末年，当地的各族人民不愿忍受清王朝沉重的阶级压迫和民族压迫，在

彝族人民优秀的儿子何光、赵发等的带领下，揭竿而起，与清军进行了英勇的战斗，他们以独石山为据点，坚持斗争了好几年。直到今天，山上还有义军开凿的水井、修筑的残堡。1939 年，吴晗先生到当地考查，就曾题诗志其事：

独石山上竖将旗，将军雄略妇孺知。

我来已历沧海劫，犹傍斜阳觅古碑。

【和摩寨石林】

位于李子箐石林东北约 13 千米。旧名石门峰或石门哨，康熙《陆良州志》说："石门蜂，治西南四十里，地名石门哨。"因附近有村名和摩寨，又称和摩寨石林。民国《陆良县志稿》称："和摩寨有石峰，孤秀高耸，垒石而成。四面峭石，狮蹲象伏，百怪千奇。每逢雪天，如玉笔直插云霄，瑶岛琼林，天然绘图。"石峰积雪，为当地的奇观美景之一。历代骚人墨客吟咏不绝：

西风料峭倍严寒，峰北峰南雪尚攒。

谷口寒封樵子路，天开画景壮游观。

——（清）罗光灿《石峰积雪》

山上原有石峰寺，建于明万历年间，乾隆时重修过，至清末尚存，飞阁凌汉，丹桂芬芳，极为清雅壮观。可惜现已无存。

【芝云洞】

石林溶洞虽多，然游人最多，最早被人们发现的，要数芝云洞。洞在李子箐石林北面约 15 千米处。康熙《徵江府志》《路南州志》都有记载："芝云洞，洞门石似芝与云，故名。芝云初入，磅礴空敞，可容千人；再入葫芦口内更宽广。四壁乳窟，击之有钟鼓声。又有石枰、石床、石田、石浪，奇怪不可名状。古号仙迹。"前人金成宪曾有《石洞仙踪》诗云：

神仙何代炼丹修，云锁千年洞壑幽。

路绕莓苔深可到，窟含森邃渺难求。

床前冠履于今在，案上棋枰自昔留。

服气想应长辟谷，石田何事役耕牛。

【大叠水】

从石林县城乘车往西南行约25千米，至叠水电站，舍车步行，沿山间小路越丘陵，过村庄，穿田野，约二三千米后，隐隐听见水流的轰鸣；复前行，沿坡上的之字形小路攀藤扶石蜿蜒而下，约二三百米，至箐底，一片雄奇壮观的瀑布，便呈现在你的眼前。这便是云南著名的石林大叠水瀑布。

瀑布的水源，系南盘江的支流巴江（又名板桥河），它流经附近，又汇合了数条小河，水量渐多，上游河床犹多平衍，到这里两山夹峙，岩层骤断，悬崖壁立，高达百余丈。河水从中泻出，循崖往下奔跌，跳过三迭岩石，以雷霆万钧之势，倾入崖底潭中，激起轰鸣，声震山谷。

这是1883年地震留下的一个奇景。2吨重的落石，卡在半空，形成了千钧一发的局面。行人从下经过，胆战心惊。云南是地震多发区，120年来，地震不断，但由于门道上宽下窄，巨石悬空至今，安然无事。

3. 中国旅游开发历史最悠久的石林

福建小桂林——福建永安大湖鳞隐石林

鳞隐石林，坐落在福建省永安市大湖镇西北角，位于一座相对高度不足50米的喀斯特小山上。出集镇北界，向西北行数分钟，即可达山麓。抬头望去，此山并无什么特别之处，但仅需顺着陡峭的石径向上攀登20米，数十根形态各异的石柱就突然出现眼前。这些石柱高8~22米，胸径细者1米多，粗者5米上下，中心处石柱大多亭亭玉立、峻峭挺拔，四周的一般较粗壮低矮。石柱表面天然溶蚀刻凿痕迹明显，玲珑剔透，姿态万千，石柱上有不同形态的溶蚀沟、溶槽和尖锐的溶脊，还有小型的溶穴或溶洞。整个石林分布在方圆300米的近圆形区域内，站在高处一览无余，与云南路南石林相比，真可称为天然石林盆景，很有特色。

鳞隐石林分布在一个面积约5000平方米的大型溶蚀漏斗的表面上。漏斗深达33米，内表面坡度较陡，在28~50度；漏斗内布满嶙峋的石林，几无平地；石柱间是深邃陡峭的溶沟，没有立足之地，但沿着人工铺就石径可穿行于柱体之间。溶蚀漏斗位于山丘东山坡的半山腰上。漏斗上方的山坡成为漏斗的汇水区，大量坡面流水涌入漏斗给溶解侵蚀提供较充足的水源。漏斗底部的落水洞已被人为地填埋，然而剔透的斗底仍有不少的垂直裂缝做水流渗透路径。

这是一处典型的喀斯特地貌，发育了众多的怪石、奇峰和异洞。鳞隐石林富有特色：地上石林，地下迷宫；得天独厚，鬼斧神工，为华东独有，全国第二。景区内耸立着石芽、石锥、石柱、石笋400多座，最高36米。怪石拟人状物，千姿百态。主要景点有三鼎岩、望天星、八戒照镜、接笋峰、石猿抱桃、黑熊护笋、石龟探洞、接吻石、鳞隐书院等50多处。

"鳞隐石林"早在200多年前就已被人辟为景区。据《松阳赖氏家谱》记载：清朝雍正六年（1729年），性好山水的大湖赖翘千兄弟到山野踏青，距大湖一里许，在一座岩石周围发现了这片"群峰峥嵘，蜿蜒伏峙"的奇绝之景，认为这是"天故隐其以俟后人"，于是兄弟俩"命仆夫，召工匠，剪芜伐莽，锤险鏨塞，极力以辟之"，并取名鳞隐。他们铺石修路，筑亭台，办书院，周围"广植果卉、錾池养鱼"。

当时建在石林东面半月池旁的鳞隐书院还颇具规模，有学子数十人，一时名士云集，骚客纷至，他们为鳞隐石林命名"坐隐""妙哉亭""朝天笏""摘星楼""卧龙潭""别有天"等景致，至今仍清晰可辨的石林景点题刻有"冰室""飞

在大湖鳞隐石林及其不远处的桃源洞景区，到处都可以看到这样的景观，陡峭的山峰上、崖壁间都披上了一层厚厚的植被。这些山峰是如此的亭亭玉立、姿态万千，犹如一座座天然盆景，坐落于天地之间。

虹""更上青云""蟠虬""玉笋""石梁""一枝"等。

清代一位有名的画家兼诗人张光国曾题下了这样一首名为《鳞隐》的诗:

武夷分别派,探奇另一天。断峰疑斧劈,曲径似螺旋。洞口云千叠,岩头屋数椽。此间多胜概,莫与外人传。

鳞隐石林的主要景点有三鼎岩、望天星、石镜、天笋峰、石猿桃、石笋、吻石、鳞隐书院等50多处。

洪云山石林。位于鳞隐石林景区西部湖峰坡麓地带,距鳞隐石林1.5千米。这里的石林并不十分高大,但地表怪石林立,有似人形头像,亦有似飞禽走兽,形态逼真,有天然动物园之称。

其上部有溶斗洼地,其中布满着多种形态的石芽和石柱,仿佛是天然的盆景园。汇集于溶斗洼地内的地表水流,通过灰岩裂隙下渗,自其下部的洪云洞流出,清澈的泉流终年不断,可灌溉农田20多公顷。

洪云洞内的钟乳石等化学溶积物仍在发育之中,色彩缤纷,光耀夺目,颇为迷人。洪云山石林是一处不可多得的自然遗产,具有较高的观赏价值。

洪云山石林,是2003年被发现的。当时还埋没于地表之下。谁也不知道,在永安市西北13千米处的大湖镇,会有湮没在地下无数年的石林奇观。洪云山石林与著名的鳞隐石林相距不到1千米,面积约0.56平方千米,比鳞隐石林略大。

从2003年3月开始,当地旅游部门进行了人工土方剥离,使石峰、石柱、石牙、石锥、石笋"长"出地面或者"长"得更高大。

洪云山石林与鳞隐石林、石洞寒泉、十八洞、翠云洞和寿春岩等景点,形成马蹄状分布,属喀斯特地貌,这里的石峰、石柱、石牙、石锥、石笋等景致,参差错落,美不胜收,

南方秘境——中国喀斯特地理全书

景点造型传神，惟妙惟肖，栩栩如生。

远望洪云山石林，突兀岩峰，势欲插天，逶迤相连，如同布满兵卒旗号的城垣，俨然蓝天下的一大屏障。稍近一看，众多紫色而排列整齐、层次井然的尖峰，无不嶙峋削拔，争奇竞秀，有的高入云霄，气势雄伟，风景旖旎。

洪云山脚下的洪云洞，是典型的石灰岩溶洞，流出一股甘甜清冽的泉水，为当地百姓的饮用水和农田灌溉，长年不断，即使是大旱之年也能流淌不绝，被称作"桃源活水"。明朝御史邓文铿有诗赞曰：

寻幽远远入山隈，映水桃花隔岸开。方朔昔年偷颗去，渔郎何日问津回。

一湾漱玉涵春色，两涧清流长翠苔。试觅源头在哪处？天然石窦混将来。

——邓文铿《大湖八景诗》之一

沿着幽谷小径登高，可见清泉绕脚，林阴蔽日。走进洪云山石林，视线所及，奇岩怪石，嵯峨耸立，如刀劈斧削，千姿百态，形象各异。整个岩山倒映在山前的广阔山地上，山谷前池塘，水面如镜，岩山倒影，浸溶在蓝天白云里，山光水色相映成趣，令人浮想联翩。

寿春岩石林位于坑源村后，紧邻田园村舍，区内古木参天、乱石嶙峋，别有一番野趣。明代赖吉泉自广东致仕回故里后，在这里建造"他山书院"。清朝雍正年间，由其子孙重修，并建有仙人棋盘、石洞、白壁、隐泉、朝旭、月窝、野色、王峰八景。后因战乱，逐渐毁圮。但天然景色依然幽美。

寿春岩上的几株黄连木、闽楠、紫楠、梓树等粗大古树，多植根于巨岩裂缝中，虬枝奇异峥嵘，遮天蔽日，给人清幽爽心之感。

惊天洞地
——喀斯特景观之"洞"

1. 中国最长的洞穴系统

双龙会——贵州绥阳双河洞

双河洞，位于贵州省遵义市绥阳县，距离绥阳县城 42 千米，距离遵义市 84 千米。

双河洞现为国家地质公园，属于大娄山山脉，海拔在 600~1700 米，地形切割强烈，相对高差大，地貌类型除太阳山、金林山至干河沟一线为构造侵蚀中山外，多数地区为喀斯特峰丛洼地及峰丛谷地，形成了溶洞、峰丛谷地、峰丛洼地、盲谷、天窗、地下河、竖井、天坑等典型的喀斯特地貌形态。

双河溶洞群所在的桂花村和铜鼓村，深山苍莽，群峰秀丽，洞外有两条河流在铜鼓村交汇，双河溶洞因此得名。

双河溶洞群主要有石膏洞、水帘洞、莲花洞、桂花洞（大风洞）、山王洞、罗教洞、连望洞、杉林洞、罗汉洞等，各洞都有鲜明的特色。双河溶洞群洞穴景观因其独特性、多样性、完整性而被喻为"喀斯特天然洞穴博物馆"。

优美原始的生态环境，浓厚的乡土气息，恬淡的田园风光，广布的森林温泉景观，构成洞集洞、林、山、水以及地下与地表等景观为一体的喀斯特风景区。

双河洞所在地区总体以垂直升降和断块构造运动为主，虽也经过相对平静的时期，但先后遭受多次褶皱造山运动，地壳面貌也不断经历着变化。主要褶皱运动有两次，一次是

14亿~8亿年前的雪峰运动，另一次是2亿~1.37亿年前的燕山运动。

岩性主要为碳酸盐岩和碎屑岩。其中以碳酸盐岩分布最广，岩溶作用强，具有地表、地下立体双层喀斯特地貌结构，类型丰富。距今大约269万年的第四纪以来，受喜马拉雅构造运动影响，地壳多次上升，对双河多层喀斯特洞穴及多级地貌的形成具有特别重要的意义。

地壳抬升时期，地球外引力作用下河流向下深切和向源侵蚀作用为主，加大了地形差异。地壳稳定时，河流以侧方侵蚀作用为主，减小了地形差异，逐渐形成准平原化。在这种方式作用下，使现今地貌形态参差不一，在垂直方向上形成明显的 4 级阶梯。

【双河洞】

双河洞，面积约 13 平方千米。在中国第一长洞——双河洞内，拥有形态各异的 168 个喀斯特洞穴及洞内次生化学沉积景观、喀斯特峡谷、天坑、瀑布、地下河、泉水、奇峰异石和孑遗植物（银杏、珙桐、红豆杉、楠木等）等地质景观。

双河洞系主要发育在距今 4 亿 ~5.7 亿年沉积的寒武系和奥陶系中，目前已探明长度 70.5 千米，为中国第一、亚洲第二长洞，世界排名第二十位。

该洞结构复杂，平面展布呈树根状，主要沿北东方向发育。洞宽一般 10~20 米，最宽 40 余米，洞高一般 10 余米，最高 60 余米，深 240 米，由 118 条大小不等的支洞道和 4 条地下河组成，上下分为 4 层，有 23 个洞口，可谓洞连洞，洞上有洞，洞下有洞，洞中套洞，水洞旱洞交织，异彩纷呈。洞内由造型奇特的钟乳石和集中分布的 3 万多平方米的膏晶花。

另外，洞内已发现盲鱼、蝌蚪、青蛙、多脚虫、蜘蛛、蝙蝠、水蛭、钩虾、蘑菇等洞穴生物。

双河洞至今还未完全探明，究竟有多长还是个未知数。但据中外长期对该溶洞研究和探测过的洞穴学家、探险家和地质学家估计，该洞的长度应在 100 千米以上。

【石膏晶洞】

石膏晶洞，属双河洞系二级支洞，当你进入石膏洞，就会领略到一步一景、景景迷人的神奇。洞内布满的为针状、片状、絮状、晶花状、晶球状和柱状等的石膏沉积物，晶莹剔透，洁白无瑕，似满天飞雪，又如冰玉世界。造型奇特的各种形态，拟人拟物，形态逼真，如石菊花、晶花、石珍珠、玛瑙、白象、石蛹、石瓜等，分布面积达 3 万余平方米。如此大面积的石膏沉积景观，中国目前独一无二，世界上也十分罕见。

在洞中可随处看到石膏沉积活动参与下的造洞作用。沿洞穴周围岩层或节理面渗出的石膏，由于沉积作用，产生巨大的膨胀力，导致岩层破碎、挤压、崩落，使洞穴空间不断扩展。

【卷曲石洞和大风洞】

卷曲石洞属于双河洞系的二级支洞，长 600 米，洞内以卷曲石为主的碳酸钙沉积景观，多姿多彩，巧夺天工。洞底水池中生长的晶花、睡莲栩栩如生，美不胜收。像这样分布集中、面积大的卷曲石洞在国内也是独树一帜，稀有少见。

大风洞属于双河洞系的一级支洞，洞长 2000 余米，洞内景物景观密集、分布集中，石笋、石柱、石瀑、石幔、石旗及各种叠生的复合形态琳琅满目，汇集了喀斯特洞穴中碳酸钙沉积的各种形态类型。一幅幅奇特的立体画面，似人似物，妙不可言，引人入胜。还有那地下河中的流痕、天沟及边槽等侵蚀溶蚀形态，记录了水对洞穴的强大动力。

【大鱼泉】

大鱼泉位于池武溪中游左岸，是园区内最大的泉点，长年平均水量在每秒 0.5 立方米以上，由于水中含有硫酸铜，因此水体呈蓝色，泉水流出后与池武溪汇合，在汇合处呈现半河水蓝半河水清，泾渭分明的景观。

【龙塘子】

龙塘子位于双河景区北面，为双河洞系的一巨大天窗谷（天坑），深 350 米，宽 250 米，长 800 米。它是由地表水冲刷溶蚀及洞穴顶板坍塌而形成的。底部为双河洞水洞的上游段，大乌龙沟峡谷和小乌龙沟峡谷高悬于天坑壁上，形成悬谷，每逢雨后沟谷水流直泻坑底，形成近百米高的瀑布，坑底浪花飞溅，雾气冲天，景观蔚为壮观，引人入胜。

【绥阳温泉】

绥阳温泉位于园区的大峰山脚下 207 公路旁，泉水沿断裂带喷涌而出，热气氤氲，水温 38℃，日流量 240 多立方米，来自于 1000 余米深的地下，泉水澄澈透明，含有钙、镁、铁、钠、硫、锌等矿物质和氡等微量元素，具有良好的医疗保健作用。

【绥阳史迹】

绥阳历史悠久，人文历史遗迹丰富。有与绥阳县同年代铸造的明代古钟；有保存完好的黄巢农民起义军战斗遗址；有黔北人民反"洋教"的绥阳县教案遗址——天主教堂；有堪称中国罕见、贵州一绝的仿木全石建筑——张喜山祠等等，这些人文历史遗迹在历史文化方面都有一定的研究和考察价值。

张喜山祠又称石房子，建于道光二十四年（1844 年），距今有 160 年的历史。是张喜山为其曾祖父张奇资修建的祠堂，由楚匠隆茂达率徒建造。该祠为全石材仿穿木结构式建筑。石房子为全国较为罕见的全石结构建筑，堪称"贵州一绝"。

卧龙山寺，位于绥阳县郑场镇万里村卧龙山，距县城 12 千米，山因形如卧龙而名，寺因山而名，始建于唐代宗永泰年间（756~766 年），历史悠久，宋明至今已 6 次修葺。

绥阳天主教堂，坐落在县城南街，建筑平面呈长方形，长约 100 米、宽约 50 米，周绕砖墙，沿墙内建木房做教室及住室，经堂居中，东西向横宽 10.8 米，进深 24.6 米，是一座中西合璧的砖木建筑。

清乾隆三十九年（1774 年）天主教传入绥阳，教区属法国教士管理。道光十五年（1835年）始建经堂，光绪十八年（1892年）建成现经堂。

明代古钟，铸造于明万历二十八年（1600年），钟高1.18米，直径0.75米，重150千克，古钟建造时间与绥阳建县同时，古钟现存于太白镇政府。

【子遗植物】

子遗植物指生存于地质历史时期，重大地质变动后遗存下来的少数个体植物。我国是世界上子遗植物资源最丰富的国家之一。子遗植物及其产地作为一种宝贵的地质遗迹，它不但是探求古地理环境演变、气候变迁和植物群落演替的重要材料，被称为"活植物化石"，具有极高的保护和研究价值，而且绝大多数子遗植物或材质优良、或树形高大优美、或花果奇特而成为珍贵的用材树种或著名的观赏树种。

双河洞国家地质公园的子遗植物主要有珙桐、红豆杉、南方红豆杉、银杏、三尖杉、黄杉、铁杉、矩鳞铁杉、鹅掌楸、厚朴、水青树、香果树、领春木、杜仲、亮叶水青冈等。

双河洞国家地质公园位于黔北绥阳县境内。这里是一片原始森林，原始森林内以亮叶水青冈为主，子遗植物珙桐、红豆杉、鹅掌楸也有大量分布。此图即为花奇色美的珙桐。

2. 中国最大的洞庭

洞中苗寨——贵州紫云格凸河苗厅

格凸河穿洞，位于贵州省西南部安顺市紫云县，距贵阳市 161 千米、安顺市 76 千米。

格凸河主要特征为喀斯特地貌，在这里，有美丽壮观的格凸大穿洞绝景及壮观的万燕归巢；有世界第二大洞厅——苗厅；有世界上最深的地下河竖井天坑——响水洞；有世界上保存最完好的古河道遗址——穿上洞、盲谷及神秘的谷中原始森林；有秀丽的夹山风光、世外桃源般的大河苗寨；有险峻的小穿洞峡谷、神秘美丽的天星洞；有人类最后的穴居部落——中洞苗寨；有能破解悬棺之秘、只有两户人家的脚杆寨等等。

这些景观集岩溶、山、水、洞、石、林组合之精髓，融雄、奇、秀、险、幽、旷、奥为一身，构成一幅奇异的喀斯特图景。

【大穿洞】

亦称燕子洞。位于下格井村东南约 1 千米处，是格凸河伏流的入口，海拔 930 米，泛舟进洞是 270 米长的河湾。大穿洞口高达 116 米，宽约 25 米，呈拱门形。洞口两侧展布白岩绝壁，洞壁陡峭，从农历清明到九月重阳，洞内有数十万只燕子翻飞其间，筑巢栖息，因此俗称"燕王宫"。当地有艺人可沿陡直洞壁攀岩而上获取燕窝，奇功绝技，惊险刺激。穿洞山体有"耳桶山摩崖"题字，洞顶有"燕子洞摩崖"题字，这些人文景观与自然景观相映成趣。

【望天洞】

在大穿洞内河湾的尽头，有一个穿过碳酸盐岩地的大竖井，深 370 米，宽 200 米，又称通天洞。仰望苍穹，好像开了一道天窗，一缕缕阳光倾泻下来，与洞顶滴下的状如雨丝的水交织在一起，形成道道彩虹，奇妙无比。从天窗掉下的巨石，堆成一道天然

1989 年，中法探险队在格凸河伏流系统考察时，在伏流下惊喜地发现有一巨大的洞穴厅室。当时，发现此洞的中法探险队队员这样描述："任何华丽的词语用来形容这个巨大的地下景观都显得无力"。探险队当时住在苗寨，便将此洞命名为苗厅。

堤坝，堵住河水，锁住蛟龙。堤坝中有一缺口，流水咆哮，破堤而下，穿行于 12 千米长的暗河伏流和大小洞厅之中。

【穿上洞】

从大穿洞外沿陡峭小道或从通天洞壁攀岩而上可达穿上洞。此洞高 50 米，宽 70 米，长 137 米，洞若天桥，洞内顶壁景观奇特，洞外的坡谷上长满了亚热带植物，其中有一片野芭蕉和方竹林。在穿洞的侧面又是一个巨大岩洞，由此出口上至山顶。

【盲谷】

从穿上洞往里走约 500 米，面前展现槽形凹地，四周被崩塌型峭壁陡岩所围。盲谷是由古地下河遗址发育演变而成，可通过约 20 米高的竖井洞进入，长约 1.8 千米，分为 3 段，宽 30~150 米，岩壁高 200~400 米不等。盲谷内原始森林茂

苗厅内，有一些巨大的石笋，最高的一根，在厅的北侧偏西端，有一枝高达30米的巨大石笋，十分罕见。

密，乔木、灌木、藤本等植物种类众多，是罕见的生态、生物多样性与环境所在地。

【夹山】

夹山一带的景观由峰丛、峡谷、绝壁、碧水、轻舟、渔歌、鸟语、花香等组成，人与自然佳景天成。层峦叠翠，碧水中流，忽见两岸夹峙，一面是峰丛坠水，一面是火烧赤壁，构成了"夹山一线天"。与著名诗句"两岸猿声啼不住，轻舟已过万重山"的意境相似，绝壁孤峰，枯藤古树，轻舟渔歌，心旷神怡。

【大河苗寨】

大河苗寨所处的自然生态环境可谓得天独厚，由奇峰、河谷、沙湾、竹林、村寨、田园等组成复合景观。周围群峰环抱，格凸河从村前流过，中有良田数顷，村舍依山脚分成几组，是难得的世外桃源。在大河苗寨背后的峰丛中，有一奇峰突兀而起，如同宝剑直指天穹。

【变色湖】

位于大河苗寨以南约 500 米处，是喀斯特地貌天然湖泊，因湖水会随季节的变化变换不同的颜色而得名，有时呈铁红色，有时又呈土黄色，有时呈淡绿色，有时则清澈见底。犹如一面镜子映在万绿丛中，好像是上天赐给当地苗族人民的，因此又称天赐湖。该湖长约 350 米，宽约 100 米，海拔 980 米，比大河村高约 47 米。湖中有 3 个泉眼，枯水期流量为每秒 5~10 升，每年丰水期湖水自然排泄，水质很好，去污能力强。

【天星洞】

又名悬棺洞。格凸河上游从天生桥进入伏流约 3 千米后，从天星洞口流出。天星洞高约 110 米，宽 40 米，洞口呈长方形，洞口巨岩横跨，洞壁石幔悬挂。洞中有悬棺，棺木多为榉木制成，一端置于岩上，一端悬置在圆木架上。

【小穿洞】

格凸河、猴场河和长顺的摆所河在穿洞内汇流后，从小穿洞口蘑菇潭涌出悬崖，形成落差几十米的瀑布，景观壮丽。该洞口高 50 米，宽 40 米，海拔 790 米，因形似巨鼓，又名冒鼓天。洞中石柱、石笋、石钟乳等化学沉积形态多而优美，石柱高达 20 多米。

此为格凸河燕子洞。洞门高 116 米，宽 25 米，可泛舟进洞，洞壁陡峭如削，上万只燕子翻飞其间，筑巢栖息，又名燕王宫。

苗厅之中，有一座巨型钟乳石，高大怪诞，观之若巨猿，十分逼真。

【苗厅】

在小穿洞口往里走约 500 米处，洞长约 700 米，宽约 215 米，平均高 70 米，面积达 11.6 万平方米（约 12 个足球场），容积在 700 万立方米以上，是世界上第二大喀斯特洞厅。因附近有苗寨而称为苗厅，是 1989 年中法洞穴专家联合考察时发现的。洞内石笋、石柱、石幔等琳琅满目，在大厅的西北部有高达 38 米的巨大石笋，实属罕见。目前苗厅内有 6 个支洞尚未探明，在洪水季节，洪水将穿越过大厅，从岩石上倾泻而下，形成多级暗河瀑布群，蔚为壮观。

【响水洞】

位于大穿洞与小穿洞之间，是格凸河伏流系统的枢纽，又名落水洞。洞口位于格凸河顶部溶洼中央，呈椭圆形，是竖井天坑，直径约 200 米，深达 216 米，是目前已知世界上最深的竖井洞。洞上可听到地下暗河露头的迭水声响彻如雷。沿东边顶端的岩壁往下可到达暗河边。

【中洞人家】

在小穿洞出口的山顶上方，有上、中、下 3 个溶洞，上洞的海拔约 1400 米，是附近通往长顺的必经之地。上洞右侧 300 米处是中洞，又称棕洞，洞口高 50 米，

宽100米，深200米，居住着21户苗族人家，房屋建筑均为无顶木柱竹篱。洞中有小学和操场。整个拱形的洞顶布满了灰白色的球形凹面，有很好的消音效果，洞内声音清晰，互不影响，但传至洞外，却如同混响。洞中人家的生活方式仍沿袭传统习俗，善良厚道，热情好客。

【下穿洞】

中洞下面是下洞，实为天桥，是一个巨大的岩溶穿洞，洞高约50米，长近300米，原为人居住，遗迹尚存。下洞对面是雄伟的摆架山，摆架山下是险峻的鼠场河。

【鼠场河峡谷】

格凸河从小穿洞涌出后进入鼠场河，河谷在此深切展布，有近5千米长的陡直崖壁。谷中怪石嶙峋，水流时缓时急，从坡肩至谷底，两岸林木茂盛，水质清澈，呈淡蓝色。此处山、水、石、林形成的复合景观幽深险峻，有旷野之感。

这就是传说中的中洞人家。这是一个凹陷在大山里的原生态洞穴。整个洞穴高大、宽敞，坐东朝西，洞口外是一坡竹林，洞沿呈月牙形，洞口巨石横卧。洞穴内有房舍、灯火、炊烟、鸡犬相闻，另有一座中洞希望小学。人类进入中洞居住的历史始于清代，后发展为苗族人民聚居的地方。

3. 中国最深的竖井

（1）通向地心的竖井——武隆天星洞穴群汽坑洞、垌坝洞

重庆武隆喀斯特是中国南方喀斯特的重要组成部分，它不仅反映了地球演化的历史，还反映了重要的、正在进行的地貌演化过程，具有重要的地貌形态或自然地理特征。这一切使我们能在一个县的区域内领略到千姿百态的地理奇观。

独特的地貌给武隆留下了很多地理奇观，包括亚热带的大峡谷：乌江峡谷、芙蓉江峡谷；典型的喀斯特景观：芙蓉洞、天生三桥；南方高山草甸：仙女山；亚热带的山林地缝：龙水峡地缝等。

古代，武隆奇异的山水就曾得到一些文人的关注。清代诗人、福建进士翁若梅在出任酉阳州牧时，由福建启程，路至涪陵，改乘小舟逆江而上，驻足武隆，感叹此地山水如画，作有《舟行抵武隆》一诗，给予武隆山水极高的评价，他认为："蜀中山水奇，应推此第一"。

溶洞，是武隆喀斯特地貌最典型的代表，遍布于全县的每一个角落。目前初步统计，全县就有溶洞近500处，其中能容5000人以上的溶洞就近20个，如白龙洞、打铁洞、农锅峡等。

溶洞地貌中，有一种更为奇特的"竖井"，以其令人惊骇的深度通往地心，成为武隆喀斯特地质奇观。关于竖井的概念，根据中国洞穴学会会长朱学稳教授在《重庆武隆喀斯特景观特征及世界自然遗产价值评价》一文中说："在该系统中，洞口标高在800米以上的洞穴均为竖井型，以垂向洞穴通道为主，可直达地下水面，或最底层的横向洞穴。"

2001年6月，由中、英、美组成的联合科考队经过10天调查，测得武隆芙蓉洞洞穴群竖井，这是国内目前发现的最大的竖井群，天生三桥天坑群则是继广西大石围天坑群之后的国内第二

大天坑群。

联合科考探险队兵分两路，分别对芙蓉洞洞穴群和天生三桥洞穴群进行了探测，在9平方千米的芙蓉洞洞穴群范围内，发现洞穴、竖井21个，而且每口竖井的深度都超过150米。

芙蓉洞，当地人叫气洞，也叫风洞，位于江口镇芙蓉江与乌江汇合处东南部的月亮山际，距江口镇约五千米。芙蓉洞曲折连绵，妙景层开。洞口常是凉风习习，但有时风大，有时吐雾气，人称风洞、气洞。根据吹风和吐雾气，可观察风云变幻、气温升降的气象作用，给人以神秘之感，当地村民又把它称之为神洞。

洞口不大，人们可以出入，进洞就是一丈深岩石夹洞，人们攀绳而上下。洞内是一狭长、曲折、上下皆有的岩石溶洞，深不可测，时而洞大，时而又小，洞体极不规则。有时巨石林立，石瀑飞瀑挡住去路，石壁上的石幔如白雪压顶的青松和排列成队的石笋，又如神宫中的先人打坐。洞顶有滴水坠落，着地咚咚反响，洞底有大小水潭清澈见底，绿油水波从中涌向四方。大小石级梯田雪白如玉，活灵活现，各式各样的自然景物非常壮观，绚丽多姿，精彩夺目，五彩缤纷的石花、不可胜数

武隆县被誉为世界喀斯特生态博物馆。这里拥有最丰富的喀斯特地貌奇观。其中，天星竖井群，是世界最大的竖井群，于2001年，由中、英、美、爱尔兰4国联合的探险科考中被发现。现已成为国际、国内又一重要的科考探险基地。

的珍贵景物如天宫宝殿，琳琅满目，如遇光亮，洞内发出耀眼的光芒，被人们誉为天下第一艺术宫殿。

武隆的东南方向，分布着众多的洞穴与竖井。具体位置在江口与天星乡之间，被誉为天星洞穴竖井群。主要有汽坑洞（1162米，指洞口标高，下同）、摔人洞（1060米）、卫江岭洞（970米）、新路口洞（900米）、峒坝洞（878米）、水帘洞（670米）、芙蓉洞（480米）、干矸洞（200米）和四方洞（180米）等。

除水帘洞外，这些洞穴竖井，均分布于芙蓉江的右岸，有的高差近千米。在各竖井中，以标高450~500米为限（相当于芙蓉洞洞口高程），以上部分以垂向通道占优势；以下的部分，则表现为垂向与横向通道交替发育。

汽坑洞、峒坝洞，位于芙蓉洞与天星乡之间，从我国最深、最长洞穴的排名看，汽坑洞、峒坝洞的深度分别为920米、656米，分别排在中国最深洞穴的第一、第二位，其稀有性不言而喻。其中，英国的红玫瑰洞穴探险队首先对这两个竖井进行了大量的探测工作，取得了详细的探测资料。

这两个竖井，都在偏僻、隐蔽的地方，需有当地向导指引。那是一片高粱地，汽坑洞洞口不大，上面是茂密的灌木群，不注意根本发现不了，需将旁边的杂草除掉，才能看到一个幽深的竖井。在井边，隐约能听见下面水声如雷，深不可测，寒意逼人，让心里发怵。

这是一片深藏于中国西南腹地、重庆东南边缘的神奇喀斯特地貌。武隆凭借当地特有的喀斯特地貌奇观，与云南石林、贵州荔波喀斯特一起作为"中国南方喀斯特"正式列入世界自然遗产名录。这片沉寂了上亿年的土地连同它的名字本身，吸引了世界的目光。其中，就有一个来自英国的小伙，他放弃读博士，来到中国的武隆探险。他带着一群人不去攀岩，不去徒步，偏偏对黑暗幽闭、暗流涌动的洞穴情有独钟。常常走在队伍最前面的就是28岁的领队英国人马强，一个曾经多次进入重庆武隆山区920米深的竖井的探洞痴人。

有趣的是，这位来自英国的绅士，从2002年就开始了他的中国探洞生涯。

2003年9月，正是一年中探洞最安全的季节，马强发现重庆武隆县天星乡境内有丰富的喀斯特地貌，还藏有一个巨大的还从来没人下去过的竖井。兴奋不已的马强和队友立刻奔赴武隆。终于，他在那片高粱地里，找到了那口隐藏的竖井——汽坑洞。

探险队把事先准备好的专业安全绳固定在洞口后，马强和队员依次从洞口往下降，他们不知道洞有多深，也不知道要下降多久，更不知道会遇上什么不可预见的危险。在阴冷潮湿的洞中下降到100米深的时候，他们遇上了麻烦，四周岩壁潮湿，凸出来的奇形怪状的石头随时都会刺伤他们的身体，他们不得不小心翼翼躲避着这些暗器。

从竖井内向上仰望，真有一种坐井观天之感。然而，外面的世界很精彩，又有谁知道，喀斯特竖井内那些鲜为人知的绝世风光呢？

不仅如此，洞壁竟然还出现了一股声势浩大的暗河，要想通过这条暗河，除了身体要保持悬空、接受巨大的水流冲刷外，还要继续在岩壁上凿洞。水流哗哗地冲在队员身上，每个人的眼睛、鼻子里都被灌满了水，感觉随时都要窒息，但没有一个人敢松开一只手去挡一下。大家都很清楚，如果稍一分心，就容易掉进黑洞。仅仅10米的下降岩面，队员们用了整整两个小时才得以脱身。队员们花了8天时间，反复数次下洞，才终于降到了距洞口920米的洞底。

不见一丝光线的洞底，队员们只能依赖头灯看清一切。洞底除了涌动的暗河，就只有石头，还有呼啸而过的风。要不要在暗河边扎营，马强有些犹豫。在距离洞口920米深的地方扎营，暗河是队员们最大的威胁。如果地面下起暴雨，队员们无法立刻知晓，等队员们发现雨水流到洞底时，暗河河面就会在一瞬间上涨，整个洞底就会被很快淹没，进而吞噬队友的生命。就在队员们犹豫不决的时候，暗河水流突然变大，河水也开始变得浑浊，大家一下变得紧张起来，但有惊无险，暗河河水并没有继续上涨。第一次下洞，他们在洞底待了3个晚上，每天，他们都是忙着绘制地图，到了晚上，大家并无太大的睡意，每个人都祈祷着，千万不要下雨而让暗河河面上涨。

从2003年至今，马强和队员们已经6次从成都赶赴武隆山区，进竖井的次数前前后后加起来也达百次之多。他还因探洞结缘，成为中国女婿。

武隆的竖井群和天坑群，无论是密度、数量、规模，在国际上都极其罕见，而芙蓉洞竖井群是中国目前发现最大的竖井群。

南方秘境——中国喀斯特地理全书

（2）万丈坑——涪陵最深竖井

在中国的土地上，有一座绵延了渝、鄂、湘、黔 4 省，面积约 10 万平方千米的大的山脉，那就是巍巍武陵山。武陵山是褶皱山，长度 420 千米，一般海拔高度 1000 米以上，最高峰为贵州的凤凰山，海拔 2570 米。山脉为东西走向，呈岩溶地貌发育，主峰在贵州的铜仁地区，梵净山。武陵山脉覆盖的地区称武陵山区，现在也习惯称武陵山片区。

在武陵山深深的腹地，满眼所见的，是山连着山，山套着山，山衔着山，山抱着山。千山万岭，峰峦叠嶂。农民们在狭窄的坡地上种瓜点豆，连一尺见方的泥土都不肯放过，统统被垦为耕地。就是在这样一个喀斯特山区，隐藏着一个巨大的自然奇观：一口通往地心的竖井。

万丈坑竖井，具体地点在重庆涪陵区的武陵山乡（原龙塘乡）境内。这是隐藏在大山深处的一个深不见底的竖井，当地老百姓称之为万丈坑。这个坑的坑口呈四边形，表面上看它与其他类似的天然形成的深坑无异。但居住在附近的村民对这个大坑却怀有一种莫名的恐惧，不敢随意靠近。

武陵山乡位于武陵山脉乌江下游东岸，距涪陵城区42千米，辖区面积100多平方千米。涪陵武陵山大裂谷自古以来进出艰难，天然封闭，算得上是山荒野老，人迹罕至，稀奇古怪的事情不少。如今，你来当地寻访村民有关深坑的细节，多数人都是讳莫如深，不愿多谈。当然，也有好心的村民，他们会告诉你，万丈坑里盘着巨蟒。当然，巨蟒无人见过，但有一种怪异的现象，村民们却是亲眼所见。从那以后，再也无人敢来到这个深坑了，如果非要经过这里，就在坑边焚香，请洞里的神怪见谅。

那是在很久以前，万丈坑是当地村民出山的必经之路。为了方便村民往来，当地的头人在坑上搭建了一座木桥。多年以来，村民们从此经过都平安无事。直到有一天，发生了一桩异事。

居住在万丈坑不远的武陵山乡连坑村的吴治学大爷，讲述了这件怪事。

"这个万丈洞，里面有不干净的东西（指妖魔）！"吴大爷解释说，新中国成立前，这里原本有一条大路，洞上架有一座木桥，可通武隆。一日，当地一位大地主娶媳妇，花轿路过洞上木桥时，突然，从洞里升起一股红色的雾气，把

武隆县境内，群山叠翠、山雄水奇、沟谷交错、曲径通幽，各种喀斯特地貌俱全，因此武隆县被称为中国西部地质之乡，也是中国户外运动基地和中国南方喀斯特世界自然遗产所在地，尤其是无数深不可测的竖井，一直吸引着全世界的洞穴探险队。每年，武隆县都会举办中外山地户外运动公开赛。

花轿遮住。洞这边迎接的人，左等右等，不见花轿过来。一直等到红雾散去，大家这才看到，木桥垮塌了，不用说，新娘及锣鼓手等多人坠入洞内，尸骨无存。

洞这边迎亲的人都惊呆了，几乎所有的人都落荒而逃。

此后一个多月时间里，每到太阳即将下山时，洞内就会传出锣鼓声，闹得当地人不得安宁。后来，吴大爷的父亲杀了几条狗，将狗头抛入洞内，才得以平息。当地还流传着有人曾杀人抛尸洞中，以及洞内有鬼出没等种种传言。

就这样，这个万丈洞就荒了，当地人出山再也不敢取道

武隆新发现许多竖井与溶洞，这些喀斯特溶洞内，四面石壁悬挂着密密麻麻的钟乳石群，低垂的石尖如竹笋，长短交错，不时有水滴滑落。

万丈坑，而是在坑边陡峭的山崖上，凿出了一条羊肠小道。村民们从此便远离了深坑。那个诡异的红雾的传说，就这样在村里一代一代流传下来。

但是，那个诡异的红雾，并没有因此而停息，时常神不知鬼不觉地从那个大坑内升起来，很多村民看到之后，内心充满恐惧，在这些偏僻的山村，唯一的办法，就是祭神。他们拿鸡血、狗血等来到深坑的边上，焚香祭拜，希望洞里的神怪不要出来惊扰村民。

然而，那些红色的雾，并没有因为村民的祭拜祷告而罢休。总是出其不意地出现在村民的面前。

如此怪异之事，惊动了几个人。他们是重庆奥特多洞穴探险队 4 名队员。2007 年 11 月 30 日，探险队员们来到了这个神秘的洞口，准备潜入洞穴内部，一探究竟。

他们首先查看了这个洞穴的周边环境：该洞穴是一个竖井洞，周围长有茂密的林木；洞口呈不规则的长方形，长约 50 米，宽约 20 米；洞内漆黑一片，深不见底。重庆洞穴探险队初次进入涪陵万丈坑，测量深度 150 米，因绳索不够返回。15 天后第二次进入洞穴，测量深度 370 米，又遇百米以上的竖井，无奈绳索用尽只能返回。

2008年3月21日，探险队第三次进入洞中，经过在洞里8昼夜的艰苦奋战，将竖洞深度探测至660米，至此时，绳子用尽，但仍未到底。这不能不让人惊喜异常。

重庆洞穴探险队8名勇士，深入涪陵万丈坑，在阴暗潮湿、接近地心的洞穴中，极限生存了8天。当他们饥寒交迫地来到一处狭缝时，由于太窄，无法进入。探险队员们用锤子敲打岩石，希望凿出一个通道。4位队员轮番敲了3小时，收效不大。于是，由探险队里身材最苗条的女队员小葱进入，她侧身爬进洞内，洞道越来越小，转身的余地都没有，再往前，是地下河水封住洞道。

这应该是万丈洞的底部了。2009年3月4日13:00时，探险队女队员小葱拿出激光测距仪，一个数字映入眼帘：820米（正负误差10米）。这表明，万丈洞是涪陵地区最深竖井，也是由中国人探测的最深的竖井。

那么，当地村民们所说的红雾是什么呢？

经过考察，该处是典型的喀斯特地貌。该洞穴较深，位于两座断头山中间的槽谷地带，因此洞内温度受外界气温影响不大，一旦下雨，外界气温相对较低，而洞穴内温度较高，二者产生温差，便在洞口上空形成空气对流，若遇到空气湿度大，就很容易在空中凝聚起小水珠，这些小水珠折射太阳光线后，便出现了五颜六色的彩虹，跟平常在天空中看见的彩虹一样。只不过洞穴上空的彩虹是在洞口上空形成的，远远看去就像是从洞穴中冒出的一样。这就是村民口中的红烟。

石珍珠，又称穴珠。主要成分是碳酸钙。在地下河里，河底细小的沙粒随着水流向前滚动，河底沉积的碳酸钙不断被吸附上来，穴珠像滚雪球一样，越滚越大，洁净无瑕。

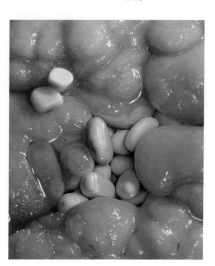

4. 中国最美的旅游洞穴

（1）第一洞天——贵州织金县织金洞

织金洞原名打鸡洞，位于贵州省织金县城东北处的官寨乡，距省城贵阳 120 千米。1980 年 4 月，织金县人民政府组织的旅游资源勘察队发现此洞。以一个县的名字来命名一个喀斯特溶洞，这在全国是仅有的，可见这个溶洞在当地人心目中的分量。它是一个多层次、多类型的溶洞，空间宽阔，有上、中、下 3 层，洞内有 40 多种岩溶堆积物，显示了溶洞的一些主要形态类别，它是中国目前发现的一座规模宏伟、造型奇特的洞穴资源宝库。

织金洞地处乌江源流之一的六冲河南岸，属于高位旱溶

洞。洞中遍布石笋、石柱、石芽、钟旗等 40 多种堆积物，形成千姿百态的岩溶景观。洞道纵横交错，石峰四布，流水、间歇水塘、地下湖错置其间。被誉为"岩溶瑰宝""溶洞奇观"。

2005 年，织金洞被《中国国家地理》杂志组织评选为"中国最美地方"名单中 6 个最美洞穴第一名，并由红学家冯其庸写下了"第一洞天" 4 个秀美飘逸的大字。

织金洞之所以被人们称为溶洞之王在于，它在世界溶洞中具有多项世界之最。如整个洞已开发部分就达 35 万平方米；洞内堆积物的多品类、高品位为世间少有；洞厅的最高、最宽跨度属于至极；神奇的银雨树、精巧的卷曲石举世罕见。最大的景物是金塔宫内的塔林世界，在 1.6 万平方米的洞厅内，

耸立着 100 多座金塔银塔，而且隔成 11 个厅堂。金塔银塔之间，石笋、石藤、石幔、石帏、钟旗、石鼓、石柱遍布，与塔群遥相呼应。

织金洞属亚热带湿润季风气候区域，地处我国乌江上游缔结河峡谷南岸，系受新构造运动影响，地块隆升，河流下切溶蚀岩体而形成的高位旱溶洞。地质形成约 50 万年，经历了早更新世晚期至中晚新世。由于地质构造复杂多变，使该洞具有多格局、多阶段、多类型发育充分的特点。

织金洞是一个多层次、多阶段、多类别、多形态的完整岩溶系统，是世界上已经开发作为旅游溶洞的佼佼者之一。洞内相对高差 150 多米，最宽跨度 175 米，洞内一般高宽均在 60~100 米，总面积达 70 多万平方米，堆积物的高度平均在 40 米左右，最高堆积物有 70 米，比世界之最的古巴马丁山溶洞最高的石笋还要高 7 米多。从洞的体积和堆积物的高度上讲，它比一直誉冠全球并列为世界旅游溶洞前六名的法国、南斯拉夫等欧洲国家的溶洞要大两三倍。

和其他溶洞不同的是，织金洞周边有许多人文历史遗迹，这给织金洞增添了浓厚的文化氛围。震撼西南的明末彝族起义首领安邦彦的故居"那威遗址"和"安邦彦墓"就在织金洞附近。与织金洞相距 23 千米、素有"小桂林"之称的织金古城，是贵州省 4 个历史文化名镇之一，城中多有庙宇、寺、阁、石拱桥，与奇山、秀水、清泉相融相依，加之有明代奢香夫人和清代重臣丁宝帧等历代人杰遗迹荟萃，使织金洞成为自然景观和人文景观相结合的风景名胜区。织金洞十大名景如下。

【红影碧泉】

洞口，阳光直射，厅内长满苔藓。乳石状如巨狮、玉蟾、岩松。洞内有圆形天窗，径约 10 米，阳光直射洞底；窗沿水珠，串串滴落，在阳光的照耀下，如丝缕金线，飘忽，摇落。侧壁有小厅，有乳石1棵，高10余米，形如核弹爆炸后冉冉升起的蘑菇云。洞见有圆水池，径约4米，立水边，可见塘中如林石笋和洞窗倒影，故名影泉。

【摩天岭】

长200米，宽50米。中间有一积水潭，被钟乳石间隔为二，名日月潭，潭中乳石高20米余，底部围约10余米，若3层宝塔，顶端坐一佛，聚神讲经。东侧，有半圆形石阶，众多罗汉或谛听，或捧经卷，或凝思，或问讯于邻，或低头默想。洞壁如七色壁绘，呈山峦、林海、田野诸景。潭北为陡坡，石径盘旋而上，伸手可触顶棚，名摩天岭。左侧有石柱9根，毗邻成排，若蟠龙，从洞底直抵顶棚。

【万寿宫】

远古时洞顶塌落的巨石堆积如山，因有3尊巨大的"寿星"得名。寿星们高10~20米。

【望山洞】

为地下湖，长170米，宽40余米。湖边钟乳石，呈黑色，其中最大的一棵高达10米，形如铁树，树身布满千万颗黑色石珠，上端右侧呈白色，如雪花被覆，称铁树银花。此地为洞

织金洞镇洞之宝——霸王盔，织金洞"三绝"之一。高14米，珠玑点缀、银光闪烁，似古代楚霸王的头盔。为巨大的复合型石笋，由下部的帽石笋，上部的细长杆状石笋组成。这是令人惊叹的喀斯特奇观。

此为织金洞"三绝"之一。名为银雨树，高17米，亦是织金洞镇洞之宝。银雨树若象牙雕刻的玲珑塔，披金撒银，叠立在白色的玉盘上，至今有15万年。早期是洞顶滴水形成一个个滴盘，滴盘重叠，成为塔状石笋，后来滴水又缓慢流淌，对下部进行溶蚀，分割成松球状石笋，为不可多得的喀斯特瑰宝。

中枢纽，可通往其他几个洞厅。

【江南泽国】

洞廊深长，壁间钟乳石奇异多姿。又豁然开朗，一马平川。有深潭，水中有石笋9根，称清潭九笋。整个洞景，仿若江南泽国，流水、湖泊、水塘、水田交错，流水潺潺，田水如镜。

【花田竹苑】

长300余米。岩溶堆积物如茫茫雪原。注柱四立，玉帷高挂，俨然一派北国风光。其间，有自然形成的20多块谷针田、珍珠田、梅花田；有百余株石竹形成的"竹苑"，如丛篁密篆，意趣横生。

【天宫瑶池】

高40余米。两壁垂下百尺石帘，五彩斑斓，俨然天宫帷幕。正中有一棵石柱拔地而起，直抵顶棚，称攀天柱。柱后有面积约20平方米的水池，石莲飘浮出水面，名瑶池。

【灵芝洞】

长400余米，宽百余米，高70余米。群山耸列，陡峭险峻。两山间为开阔平地，地下湖横陈其间。有60余米高的桫椤树，长满成千上万朵石灵芝。

【十万大山】

面积7万多平方米。洞内地势起伏，石峰丛立，如重峦叠嶂，山间常有云雾缭绕。有金色塔山、成林玉树，还有螺旋状的高大石柱螺旋树。

【塔林洞】

又称金塔城。有石塔100余座，呈金黄色，熠熠闪光，最高者，达30余米，底部围20余米。群塔之间，遍布石笋、石柱、石帷、钟旗，形态各异，气象万千。有蘑菇潭者，潭水清澈，中有无数朵石蘑菇，影随波动；潭前石花成片。另有石鼓，面平中空，水点滴在鼓面，咚咚作响。

（2）芙蓉出水——武隆县江口镇芙蓉洞

芙蓉洞位于距武隆县江口镇 4 千米处的乌江和芙蓉江汇合处。水陆交通将其与长江、乌江沿岸重镇重庆、涪陵、丰都、巫山、宜昌及彭水等地联系在一起，属山原峡谷地貌。

芙蓉洞的发现，是一次寻宝的结果。此洞在当地江口镇，可谓妇孺皆知，因为这是个怪洞。祖辈人都知道这个洞，但从未有人进去过。此洞的奇怪之处，是夏天刮阴风，冬天冒白雾，有时，还有动物尸骸出现在洞口，种种不祥之兆，令人恐惧。在武隆老人们的印象中，祖辈流传下来一句告

芙蓉洞在重庆武隆县、芙蓉江旁。它是世界上较大的溶洞群之一，洞内全长 2700 米，几乎包括了喀斯特所有沉积类型。

诚——这是个妖洞，任何人也不能进入。

时间到了 20 世纪 90 年代。原先封闭的山村，开始劳动力输出，很多年轻人外出打工。当这些年轻人见过外面的花花世界，对于家乡的这口怪洞，不再感到神秘，更多的村民开始不相信有这是个妖洞。甚至有人猜想，这洞里是不是有金银宝藏？

1993 年，有 6 个江口镇的农民对这个神秘的洞穴产生了浓厚的兴趣，他们想进去寻宝。喝酒壮胆后，打着电筒和火把，进入了山洞。进洞后，他们看见里面全是奇形怪状的石头，或倒立或悬挂或横卧，像宝塔又像人形，他们一直抱着寻宝的激动心情不断前进。走到一块大石头面前，路被挡住了。"遭了，妖怪施法，堵住了路。"此时，6 个寻宝农民面面相觑，酒也醒了大半，不祥的念头传来。他们赶忙往回走，出了洞口仍心有余悸，有种死里逃生的感觉。

直到半年后，这 6 个农民才向当地政府报告。为了解除村民们的恐惧，当地政府组织专家进洞考察。这样，世代传说的神秘妖洞，在此时彻底揭开了面纱。

这样一个大型石灰岩洞穴，形成于 100 多万年前。洞内深部稳定气温为 16℃，洞内的"生命之源""珊瑚瑶池""巨幕飞爆""石花之王""犬牙晶花池"并称为芙蓉洞"五绝"，如此丰厚的宝藏，恐怕是那 6 个率先进洞的村民始料未及的。

直到今天，我们还能看见一根巨大的石笋倒在洞内，它就是当年阻拦村民的关口。为了纪念村民进洞的发现，这个石笋也被命为"一夫当关"，尽管他们所行走的那一段，只有溶洞的 1/3。

芙蓉洞自 1993 年被发现以来的 10 多年里，世界各地的科考专家无数次地前往考察，无一例外地都做出了极高的评价。芙蓉洞除了满足一般的美学标准以外，洞内的钟乳石类型极其丰富，几乎包括世界上 30 余种类洞穴的沉积特征。尤其是净水盆池中的红珊瑚和犬牙状的方解石结晶，更是国内罕见，世界稀有。在以芙蓉洞为中心的周围还发育有一个以大量竖井和平洞组成的庞大的洞穴群——芙蓉洞洞穴群，使其与美国的猛犸洞，法国的克拉姆斯洞并称世界三大洞穴。

芙蓉洞的精华景观，主要有 5 处，被誉为芙蓉洞五绝。

【珊瑚瑶池】

由浅黄的方解石花和乳荀构成，整个池子面积 30 平方米，水深常年保持在 0.8 米左右。池水中的石晶花，如同海中美丽的珊瑚，看上去像漂在水面上，其实它分为上下两层。一株株玉树亭亭而立于仙山之侧、瑶池之间。晶莹剔透的瑶池水中竟然飘荡着一朵朵活灵活现的琼花，两尊人形石笋，似两个瑶池仙姬在观赏美景，娓娓相诉。不论是池子面积、深度，还是石晶花的数量及规模，珊瑚池都堪称世界之最，是芙蓉洞中的第一瑰宝。

芙蓉洞"五绝"之珊瑚瑶池。珊瑚瑶池由色泽浅黄的方解石晶花和浮筏石笋构成，池水清澈透底，引人入胜。

【巨幕飞瀑】

位于整个溶洞的中间部分，系芙蓉洞最大景点，也是整个溶洞里最有代表性的景观之一。由石帷幕和石瀑布组成，其宽 16 米，高 21 米。左边的石幕宛如一幅质地高贵的舞台丝绒巨幕，又如亭亭华盖，从洞顶一直垂落到地面。其线条流畅如水、细腻精致，垂如帘，匀如丝，洁如玉，质如绒，流光溢彩。右边的石瀑从洞顶飞泻而下，酷似真正的瀑布，气势磅礴，蔚然壮观。

【生命之根】

洞中有一造型奇特的钟乳石，长 120 厘米，周长 124 厘米，俨然是挺立的男根，雄壮有力，可谓惟妙惟肖，属世界洞穴瑰宝，令人拍手叫绝，该奇观不得不让人们对大自然造化之神奇肃然起敬。

【犬牙晶花】

洞内一池碧水中，布满针刺状和犬牙状的方解石晶花，纯白美丽，结构精巧，光芒照人，富丽华贵。这钟方解石晶花的形成，要受到物理、化学环境中一系列因素的影响和控制，其机理比较复杂，为何能自然形成，在科学上还是一个谜。犬牙状方解石晶花，在已发现的溶洞中绝无仅有，属世界罕见的标本，有极高的科研和观赏价值。

【石花之王】

位于芙蓉洞东端的石膏花支洞中，洞壁上布满了叶片状、豆芽状、鸡爪状、丝缕状等形态各异的石晶花和石膏花，其瑰丽、精美令人惊叹。其中最大的一簇针刺晶花被称作石花之王，其枝丫犹如鸡爪梅梢，花朵犹如白菊吐蕊、稻穗探头，或如麦芒悬空，其色白如雪莲，薄如蝉翼，细若牛毛，绽放之态难辨真伪，令人拍案叫绝。这些奇妙的方解石晶花是地球在特殊的地质和水文条件下，通过数百万年沉淀下来的，弥足珍贵。

（3）流光泻玉——重庆丰都雪玉洞

1997 年腊月，家住丰都的 50 多岁的老农李才双外出打猎，来到距丰都县城 13 千米处的龙河峡边，追猎野兔。那野兔被追赶，情急之下，逃入一个山洞。那山洞偏僻，不易被人发现，洞口有一阵阵云雾缭绕。好奇之下，李才双点燃火把，端着猎枪进入了溶洞，进去后，约几十米，突然发现有一条张着嘴的鳄鱼，惊吓之下急忙返回。数日后，

丰都雪玉洞是中国最美的六大喀斯特洞穴之一。洞中如白玉玲珑、冰雕雪塑。在此可尽享北国风光、冰雪晶莹的世界。

李才双约了数人再次前往，进洞后，发现鳄鱼依旧匍匐在原地，紧急之中，连发数枪，仍未见鳄鱼动静，于是再次查探，原来，是一块极似鳄鱼的奇石。

随后，李才双和几个农民对此洞进行了半个多月的探索，发现洞内有珍奇钟乳石无数，遂将此发现上报丰都县政府。后经国家地质部门专业探查，才知道这是一个年轻的溶洞，大部分石笋尚在生长期。由于当时政府贫困，未及时开发。但龙河峡谷边发现宝贝的消息，传遍了龙河两岸，许多村民涌来，少数村民竟将乳石敲落打碎，一度形成集体哄抢。

在这危急的当口，农民李才双勇敢地站出来，毅然做出了他一生中最重大的决定：放弃谋生的打猎生涯，在没有任何报酬的情况下，做了一名义务的护洞人。为了保护洞内景观不被破坏，李才双专门设计了栅门与水塘，在洞口搭建了一个临时栖身的木棚，弃家在洞口守候5年多。

由于缺衣少食，再加上洞内空气潮湿，李才双病倒了。李才双的执著并未得到子女和家人的理解，甚至为此与他断绝了关系，但是老人始终坚守着。

终于到了2002年，由丰都政府投资1.4亿元对此洞进行开发，并于2003年10月完成，2004年4月24日开门迎宾，根据洞内的奇景，由政府命名为"雪玉洞"。

为表彰李才双老人的护洞功劳，县政府赠老人一套县城的房产及10万巨款。老人觉得自己这几年来愧对家庭，也难舍故土，就在离洞口不远处搭窝棚居住，房子和钱都留给了子女，只是每个月步行约18千米单程去县城探望儿孙一次。

雪玉洞内温度长年保持16~17℃，全长1644米，现已开发游览线路1166米，上下共3层，分为六大游览区：群英荟萃、天上人间、步步登高、北国风光、琼楼玉宇、

雪玉洞所在地为"鬼城"丰都。龙河峡谷险峻陡峭的岩壁之上，天然生成了这个美丽、神秘的洞穴。洞内喀斯特地貌的各种怪异的造型，构成了又一个诡异的世界。

前程似锦。其中世界级奇观有 4 处：一是高达 4 米、冰清玉洁的地盾；二是规模最大、数量最多的塔珊瑚花群；三是晶莹剔透、长达 8 米的石旗王；四是傲雪斗霜的鹅管群。

　　雪玉宫，是雪玉洞的精华，是雪玉洞最纯洁的白玉宫殿，几乎所有的沉积物都是最近生成的，而且仍在生长之中，其种类有鹅管、钟乳石、石笋、石柱、石旗、石盾、多种卷曲石以及池中晶花等，连洞底也是玉石铺就的。

　　泻玉流光是一片以流石为主的大壁，有石幕、石旗、石带。高达 25 米以上，悬垂于峡谷的石壁之上，蔚为壮观。大自然就是这么奇奥，雪玉洞之美，令人惊叹。此处的钟乳石仍在生长之中，其生长速度是一般洞穴的 33 倍。

雪玉企鹅，这是一酷似企鹅的大地盾，由碳酸盐岩构成。它高达 4 米多，是目前世界所有洞穴中的石盾之王，举世罕见。它形如蚌壳体，由两半组成，水从中间呈放射状向外侧边缘渗出，水量微弱，然后从四周流下数万年沉积而成。

塔珊瑚在国内虽有发现，但质量及观赏价值均不高，雪玉洞里的这片塔珊瑚，在世界洞穴中也是佼佼者。到目前为止，有发现报道的国家只有美国、法国和澳大利亚数国。塔珊瑚是一种浅水盆沉积，水质饱和度高，水流量不大，环境稳定是重要的生成条件，故在洞穴中属于一种罕有的沉积。它们在这里站立的时间已有 5800 年。与塔珊瑚相邻的呈薄片状，色洁白，水池固定边界上沿水面生成的石环带，称之为水钙膜或穴筏，它是一种方解石显晶，钙膜沉积物。

金銮宝殿，乃是上天培育的极品。这座宫殿造型优美，结构井然。顶天立地的 68 根玉柱，错落有致，工艺非凡，或雕龙刻凤，或繁花簇拥，粗犷中不失精细，精细中不乏粗犷之力，似古代巴民族图腾文化的象征。这座宝殿，大自然用去了上万年的时间造就。

丰都一直以鬼城之名而著称。雪玉洞却以冰清玉洁的崭新面貌给世人一个与鬼城极大反差的印象。这是一本地质百科全书，洞内钟乳石类化学沉积物种类繁多、规模宏大、造型精美，其钟乳石洁白胜于冰雪、晶莹优于白玉、璀璨强于水晶、质感高于羊脂，如此规模的溶洞冰雪世界，实属罕见。

中国洞穴协会会长、中国喀斯特专家朱学稳教授参观此洞后，叹其洁白如雪，质纯似玉，欣然为洞题写洞名"雪玉洞"。

（4）卧龙吞江——湖北恩施市利川腾龙洞

腾龙洞位于清江上游的利川市郊区，距离市区 6.8 千米。由水洞、旱洞、鲇鱼洞、凉风洞、独家寨以及 3 个龙门、化仙坑等景区组成。该洞以其雄、险、奇、幽、绝的独特魅力驰名中外。该洞洞口高 74 米，宽 64 米，洞内最高处 235 米，初步探明洞穴总长度 52.8 千米，其中水洞伏流 16.8 千米，洞穴面积 200 多万平方米。

洞中有 5 座山峰，10 个大厅，地下瀑布 10 余处，整个洞穴群共有上下 5 层，其中大小支洞 300 余个，洞中有山，山中有洞，无山不洞，无洞不奇，洞中有水，水洞相连，构成了一个庞大而雄奇的洞穴景观。主洞支洞互通，无毒气，

腾龙洞地处中国西部名城湖北省利川市，这里是土家族、苗族聚居地，山清水秀，如诗如画。洞中喀斯特景观千姿百态，神秘莫测。2005 年被《中国国家地理》杂志评为中国最美的六大旅游洞穴之一。

无蛇蝎，无污染，洞内终年恒温 14~18℃，空气流畅。专家认为该洞穴系世界特级溶洞之一，中国最大的溶洞。洞中石灰岩地貌发育完好，石柱、石笋、石花、石幔、石人、石猴等奇观随处可见。洞内透明鱼实属罕见，清江至此跌落形成"卧龙吞江"瀑布，水声如雷吼，气势磅礴。

腾龙洞古名干洞、硝洞。清光绪《利川县志》记载："干洞有硝。光绪十年（1884 年），有采硝者十余人，秉烛而入数十里，惧而返。"洞中情况除从洞口至圆堂关，古代硝客稍有了解外，千万年来，腾龙洞传说百出，一直是一个巨大而神秘的庞然洞穴，早在 1985 年，华中理工大学古建系教授张良皋那篇《利川落水洞应该夺得世界名次》的文章发表后，一石击起千层浪，很快便在利川掀起了一个探测腾龙洞的热潮。其中实力最强的官方探险队，由县人武部官兵 6 人组成，部长张国芳任队长，政委易少玉任指导员。从 1985 年 6 月至 1986 年 10 月，经过艰难的探测，逐步揭开了腾龙洞神秘的面纱。

现已探明，腾龙洞景区内由旱洞、水洞和洞外景观组成。旱洞即腾龙洞，旱、水两洞相通，分上中下 3 层，保留了 3 个不同时期完整的岩溶地貌。水洞则吸尽了清江水，更形成了 23 米高的瀑布，清江水至此变成长 16.8 千米的地下暗流。神奇的是，水旱两洞仅一壁之隔。在 2008 年的地震中，遭到不同程度的损坏，正在修复中。

洞中景观千姿百态，神秘莫测。洞外风光山清水秀，水洞口的卧龙吞江瀑布落差 20 余米，吼声如雷，气势磅礴。原全国人大常委会副委员长王任重题写了"腾龙洞"洞名。

进入洞内，迎面即为大厅。大厅面积 15 万平方米，由于岩石垮坍，在大厅的顶板上形成了一只巨大的孔雀，孔雀昂首扬冠，彩屏如扇石一样展开，向人致意。此厅本是古人筑灶熬制硝盐的地方，当年探险队初进洞时，本有一些直径

南方秘境——中国喀斯特地理全书

2~3 米的硝坑，星罗棋布地散布在大厅的底部。现在，这些古代的化学工场，几乎荡然无存，只在洞壁左侧留下了一两个硝坑和灶孔的遗址，使我们还能联想古人熬制土硝时的种种情景。

黄龙洞的落水洞气势磅礴，汹涌澎湃的清江水咆哮而下，流入落差 20 多米的深涧，蜂拥而入溶洞之中，这个幽深而高大的洞穴犹如一条巨龙，把一条江河吞入了腹中。所谓卧龙吞江，即由此而来。此洞高 20 米，宽 10 米，洞内可泛舟游览。水洞中的钟乳石玲珑剔透、形态万千。水声时如蛟龙咆哮，听了惊心动魄；时如深夜鸣琴，令人心旷神怡。

清江伏流 17 千米，是腾龙洞群的一大奇观。八百里清江从大巴山余脉的都亭山起，形成了"三明三暗"的著名景观。它经第一暗洞檀香洞由齐跃山东麓冒出地表之后，浩浩荡荡，接纳沿途诸水，流经 58 千米平川，以气吞山岳之势奔入卧龙口，形成吼声震天的"卧龙吞江"奇观。

站在洞口，头顶如白云飞奔，脚下似春雷滚动，仿佛身

清江听涛，腾龙洞著名景点。清江流入腾龙洞水洞入口处，猛跌 40 余米，浩浩荡荡的江水垂直扑下，浪涛翻滚，瀑布气势磅礴，犹如千军万马，直捣深谷，水流过处，飞珠溅玉，雷鸣轰动。潭面瀑布撞击的水花，如同雪莲千簇绽放。

临仙境。清江由卧龙口进入地下后，几经周折，左冲右突，形成无数个地下平湖和急滩险瀑。

洞中之洞最绝妙者，莫过于仙女洞了。在墩墩雪白的钟乳石中间，一个倩女亭亭玉立、纤丽俊俏、楚楚动人。传说她是盐神的化身。

另有峡谷，名舍身峡。据县志记载，有几个采硝的人，打着火把进入洞中，忽遇妖雾，吹灭了火把，因无法出洞，采硝人就在里面迷了路，再也没有走出来，以致古县志记载腾龙洞总长度为3千米，因为垂直高度150余米的妖雾山使人们误认为到了洞的尽头。1984年，腾龙洞问世以后，当地组织的考察探险队行至这里时，发现了3具骷髅，另有烟袋、铜钱等遗物，人们为纪念这几位采硝的勇士，便将这里命名为"舍身峡"。

梭布垭石林，位于恩施市太阳河乡境内，这是由于地表水向下侵蚀形成的喀斯特地貌。据专家考证，梭布垭石林形成于远古奥陶纪，距今已有4.6亿年。

2006年10月，由中外探险科研工作者组成腾龙洞联合科考探险队，再次对腾龙洞进行全面考察。探测结果表明：腾龙洞总长度达到60千米。科考队在寻找腾龙洞周围新洞穴资源以及洞内的支洞时，新发现了大量的溶洞群，有腾龙洞南边的天窗洞、刘家洞、古河床的竖井洞穴和龙骨洞地下河，均是极具探险旅游价值的景区。

更重要的是，科考队还首次在腾龙洞支洞发现了第四纪中更新世的哺乳动物群化石，主要化石物种为大熊猫、东方剑齿象、苏门羚，另外还有熊科、鹿科、牛科等动物化石，初步研究确定其地质年代至少在20万年前。

南方秘境——中国喀斯特地理全书

（5）梦里巴马——广西巴马水晶宫

梦想着能够生活在一个鸟语花香的地方，有潺潺流水从门前经过，每天悠闲地徜徉在农庄里。以前以为这些都只能是梦想，直到认识了巴马这个地方，每一寸土地都似乎是大自然的鬼斧神工，纳入眼球的景致大气而不失精致。巴马是世界著名的长寿之乡，人间的养生天堂，更是喀斯特之神特别眷顾的地方。

2004 年 6 月 27 日，广西壮族自治区巴马县那社乡大洛村牛洞屯，3 位寻找钟乳石的村民由于劳累，就在牛洞屯后坡距公路 10 米处一岩壁下睡觉。忽然，有个人猛地站了起来，

巴马水晶宫是中国喀斯特洞穴中非重力水沉积物数量最多、色泽最白、渗水丰富的大自然奇观。洞长 700 米左右，到处是由毛细水、薄膜水、雾状水结晶生成的雪白的石毛、石花、晶霜、卷曲石等。其中，鹅管是喀斯特奇观之一，也是巴马水晶宫中的精品。

走进水晶宫，仿佛置身于冰天雪地的童话世界，地面上"白雪皑皑"，洞壁上"雪花飘飘"，壁顶悬垂着千千万玲珑剔透的冰晶鹅管，极目内到处是千姿百态的水晶笋、水晶草、水晶柱、水晶帘。

他惊恐地看了看四周。其他两人也被他弄醒了，责怪他为什么不睡觉。那人惊魂未定，说刚才在梦中，感觉有人推他，就睁开双眼，忽然发现有一个青面獠牙的怪人站在他的面前，吓得他马上站起来，醒来后，那怪人又忽然消失了。

经他这么一说，所有人睡意全无，没人敢再睡了，环顾四周，发现了一只硕大的老鼠，难道说，刚才是老鼠爬到他脸上来了？3人从未见过这么大的老鼠，就追赶。那只硕鼠一下子钻进了一个小洞穴。3人跟在后面追，来到洞穴前，却感到凉风阵阵，凭直觉，他们认为，这小洞后面，是个大洞。

于是，这几个村民立即找来红鸡蛋、五色糯饭、香烛等先搞一个祈神仪式，接着找来工具凿开小洞，发现里面果然有一个很大的岩洞，洞里的钟乳石全部是水晶状的，形态各异，琳琅满目，令人目不暇接。

村民们立即把新发现的洞穴向上级报告。为防止有人偷盗钟乳石，村民们自觉组成护洞队，24 小时守在洞口，任何人不得进入。就这样，硕大而瑰丽的水晶宫从此降临人间。经过数年的开发，水晶宫以其无与伦比的瑰丽与造型，被《中国国家地理》杂志评选为中国最美的旅游洞穴。

进入水晶宫，如同进入一个冰雪世界，只见钟乳石笋林立，犹如冰棱飞瀑。再向前走，一个晶莹剔透的世界便展现在眼前。这里仿佛是个无比广阔的艺术殿堂，精美绝伦的艺术雕塑，洁白的钟乳石，无论是何种形态，都有一种圣洁高贵之美。

洞口平时是封闭的，不给空气进入，否则里面石笋、石钟乳、石柱就会变质，不会呈乳白色，这是水晶宫与其他地方的溶洞截然不同之处。沿着红地毯铺就的小路慢慢地走进洞内，一个晶莹剔透的世界便展现在眼前。这里，是一个神奇的艺术迷宫。

仰望洞内的顶部，犹如天庭，倒挂着的水晶钟乳石，如北斗众星拱月。再环视洞内，四处水晶钟乳罗列，有如石林胜境。其中，有龙盘虎踞石城，有李白举杯邀明月吟诗，有嫦娥舒袖奔月，有三姐歌台对歌，有神佛修身养性，可谓千姿百态，栩栩如生，大自然的鬼斧神工，无不体现出水晶宫殿般的梦幻色彩和诗意，属国内罕见的珍稀溶洞。

据国土资源部岩溶地质研究所专家介绍，岩洞形成时间距今约 6000 多万年，洞内钟乳石成型时间至少在 40 万年以上，岩洞沉积物现仍处于生长期。因岩洞地处海洋性气候影响范围内，如果对洞内沉积物进行深入研究，可对以前的大气环流进行分析，进而可对研究当前的"厄尔尼诺"和"拉尼娜"现象提供有益帮助，具有极高的观赏价值和科研价值。

水晶宫内为廊道状的中型洞穴，总长度 1000 多米，洞

内空气负离子高达 36000~39000 个 / 立方厘米，高出洞外
10 倍以上，是养生的极好去处。

与其他溶洞相比，水晶宫有 3 绝：第一绝就是多。各种各
样的石笋、石钟乳、石柱等应有尽有，大量的鹅管、卷曲石、
石毛、石发、石花等罕见的溶洞奇观在这里密集分布。水晶宫
的第二绝就是白。水晶宫也由此而得名。第三绝就是奇。其他
地方的石笋、石钟乳、石柱是往上、往下生长的，而这里的石
笋、石钟乳、石柱不少是横着生长。

南方秘境——中国喀斯特地理全书

巴马水晶宫，据科学
推算，此喀斯特溶洞
形成时间距今约6000
多万年，洞内钟乳石
成型时间至少在 40 万
年以上，洞穴景观资
源独特，全洞洁白质
净，石毛发，卷曲石，
石花等分布密集，如
刻、像雕、似磨，无
不体现出水晶宫宫殿
般的梦幻色彩和诗意，
属国内罕见珍稀溶洞。

5. 中国石笋最密集的洞穴大厅

遍地石笋——张家界黄龙洞龙宫大厅

黄龙洞又称黄龙泉，位于湖南省张家界市武陵源索溪峪自然保护区东部，索溪峪镇东7千米（索溪峪河口村）的一座山腰上。已开发的洞内景观面积约20公顷，分旱洞和水洞。共4层，长13千米，最高处百余米，属石灰岩地下河侵蚀型洞穴。两层水洞与两层旱洞上下纵横，形成洞下洞，楼上楼螺旋结构，最大洞厅的面积12000平方米，可容纳上万人。

洞内有1个水库、2条阴河、3条地下瀑布、4个水潭、13个大厅、96条游廊。洞内流痕、边石、倒石芽、倒锅状

黄龙洞距索溪镇5千米。两层水洞与两层旱洞，上下参差交错，洞内多长廊。黄龙洞中千姿百态的石柱、石笋、石瀑、石花等，构成一个梦幻世界，伴之各色灯光，仿若仙境。

[卷二] 喀斯特景观

窝穴阶段发育良好，钙质石积物呈五颜六色，绚丽多姿。穹顶石壁滴水沉淀的石乳、石柱、石笋、石幔、石琴、石花，如水晶玉石，琳琅满目，异彩纷呈，美不胜收，有地下迷宫之美称。

黄龙洞属典型的喀斯特岩溶地貌，因其庞大的立体洞穴空间结构、丰富的溶洞景观而独步天下。

黄龙洞于 1983 年被当地的 8 个农民首先发现，当时震惊全国。黄龙洞规模之大、内容之全、景色之美，包含了溶洞学的所有内容，成为世界自然遗产张家界武陵源的重要组成部分。

黄龙洞现已探明的洞底总面积 10 万平方米，全长 7.5 千米，垂直高度 140 米。洞体共分 4 层，整个洞内洞中有洞，洞中有河，石笋、石柱、石钟乳各种洞穴奇观琳琅满目，美不胜收。大约 3.8 亿年前，黄龙洞地区是一片汪洋大海，沉积了可溶性强的石灰岩和白云岩地层，经过漫长年代开始孕育洞穴，直到 6500 万年前地壳抬升，出现了干溶洞，然后经岩溶和水流作用，便形成了今日地下奇观。

黄龙洞的龙宫大厅，是洞中 13 个大厅中最大的一个，也是景色最美的景点之一，面积为 15000 平方米，平均高为 40 米，2000 余根石笋拔地而起，千姿百态，异彩纷呈。

整个龙宫气势磅礴、粗犷宏伟，众多石笋似人似物，惟妙惟肖，千姿百态，异彩纷呈，或如飞禽走兽，或如宫廷珍藏，或如巍巍雪松，或如火箭腾空。1992 年，世界自然遗产委员会的高级顾问桑塞尔来到龙宫时，曾这样评价："这是我所见到的溶洞石笋最集中、神态最逼真的地方……黄龙洞不愧为世界溶洞奇观，实在太奇太妙了"。

龙宫里最为著名的石笋景观为龙王宝座、万年雪松、定海神针三大奇观。

【龙王宝座】

这是黄龙洞中最大的一根石笋。从形态结构上看，它是由两部分组成的，上部为一粗状石笋，高度12米，底部直径10米，下部基座为底流石斜坡（石瀑布），落差超过10米，周径约50米。就成因而言，由于龙王宝座上方洞顶的滴水量较大，大部分滴水就转化为层状水流，沿石笋周边及底部斜坡流下，不断加粗其直径，并在其底部形成大型流石瀑。

【万年雪松】

为一根高大的石笋，形似一棵白雪皑皑的巨松。它的科学名称叫棕榈状石笋，也是滴水及由其产生的飞溅水共同作用下形成的，一般只能在空间较为高大的厅堂见得到。地质学家根据棕榈片样石笋测龄结果，证明它已在这里挺立了10万年，故名万年雪松。

【定海神针】

这是黄龙洞的标志景点，全高19米，围径40厘米，为黄龙洞最高石笋，两头粗中间细，最细处只有10厘米。按专家测算，黄龙洞的石笋年均生长0.1毫米，那么定海神针已有20万年的历史。"定海神针"上端离洞顶还有6米，顶部还有滴水，尚在生长发育之中，估计需要6万年就可以"顶天立地"了。

这是黄龙洞龙宫里的镇宫之宝，一根钟乳玉柱，高19米，被命名为"定海神针"，形状十分奇特，两端粗，中间细，最细处直径只有10厘米。"定海神针"生长在崩塌的斜坡上，是黄龙洞最高的一根石笋，洞穴学家推算它至少需要近20万年才长到今天这样高。

6. 中国历史石刻最多的洞穴

桂海碑林——广西桂林龙隐岩和龙隐洞

广西壮族自治区桂林市的七星公园中，有一座月牙山，由玉衡、开阳、瑶光3峰组成。山腰有一岩洞，远望之，酷似一弯高悬于天际的新月，故称月牙山。山之东南麓有龙隐洞、龙隐岩，因此，月牙山又叫龙隐山。龙隐洞和龙隐岩不仅洞景优美，传说神奇，而且还是洞穴文化中碑碣荟萃的洞府。

龙隐岩位于龙隐洞之南数10米处，状为穿隆，高亮宽敞，冬夏宜人。传说龙隐岩也是老龙蜷伏的地方，又与龙隐洞紧邻，故以洞名命岩。岩洞顶和洞壁上有宋明时代刻的"龙隐岩""龙隐""龙腾""布袋岩"等榜书题名，可见洞名之多。在桂林众多的洞穴中，没有一个像龙隐岩这样，在洞中刻石殆遍，

可谓"壁无完石，有碑如林"，故也有"桂海碑林"之美称。当然龙隐岩之有名，也就是胜在岩内摩崖石刻，前人留下珍贵的人文景观。

龙隐洞长仅 64 米，最高处约 12 米，宽 20 米。洞穴的断面形态变化不大，是一个依临河谷的穿洞。龙隐洞是远古时代的一条地下河道，由于水流的溶蚀和冲刷作用，使洞体越来越大；又由于地下水位下降，地下河中水流逐渐消失，就成为今天所看到的干洞了。洞的顶板上留有一条与洞同长的蜿蜒弯曲的石槽；科学称石槽为天沟，沟壁上也留有大量圆形、碟形的浅穴，宛若龙鳞。酷似游龙的天沟和两壁的浅穴，使人产生对龙的遐想，从而形成龙的佳话。

传在远古的时候，曾有一条苍龙隐匿于此，人们便给溶洞取名龙隐洞。后苍龙腾空而起，向天而去，古人在洞壁中留有非常醒目的"破壁而飞"的题刻。中国是龙的故乡，中

龙隐岩内碑刻如林，以至于"壁无完石"，故称桂海碑林。碑林共有石刻 220 多件，内容涉及经济、军事、文化、民俗等，形式多样，有诗、文、歌、赋、对联、图像等，书体有楷、草、隶、篆等，具有极高的史料价值和书法艺术欣赏价值。宋代广西提刑官方信孺曾写过一副对联，赞龙隐石刻：石上参差鳞甲动，眼中在处画图开。

国人是龙的传人,人们特别喜欢龙,钟爱龙,许多动人的传说和洞穴无不和龙联系在一起。

其实,洞顶的天沟也好,构壁的浅穴也罢,是洞穴形态中一种常见的现象,它可以指示该洞穴形成的环境和水流流动的方向。龙隐洞傍依小东江,一条小径从丹桂岩而来,往龙隐岩而去,穿越洞腹,一边紧贴洞壁,一边紧邻江水,行此颇觉清幽恬静。行在其中,俯身弯腰,即可手掬江水,濯足清流,情趣盎然。春夏水满可达 1~2 米,游人可乘小舟游弋洞中。古人多从此登舟,顺流而下,入漓江,得山水之乐,渔樵之趣。

龙隐洞中,历代留下的诗文石刻甚多,仅宋代题刻就有50 余件。洞的右壁有 12 幅唐宋石刻,其中最早者(894 年)已历时 1099 年。但因受小东江上涨洪水的侵蚀,有的碑刻字迹已荡然无存,只有高出洞底 1.5 米以上的才能保留下来。其中《平蛮三将题名》大摩崖,记载了北宋皇佑年间,广源州侬氏首领侬智高率众反宋,"临十二郡,据邑州"后,朝廷命狄青率兵平乱,征服侬智高,班师至桂林时,刊刻同僚34 人的姓名和封赏情况于洞壁的情形。这是狄青平蛮的史实,也是研究南方少数民族与皇朝关系的重要历史文物。

南洞口左壁上有《龙图梅公瘴说》石刻。四川新繁人梅挚,官拜龙图阁学士,曾任侍御史,后为右谏议大夫,宋仁宗景佑初年(1034 年),出任昭州知府,写了一篇揭露贪官污吏恶行的作品,这就是《龙图梅公瘴说》。他认为岭南自然界中的瘴气并不可怕,而"仕有五瘴"实足可畏。他提出仕瘴为租赋上的"急征暴敛,剥下奉上";刑狱上的"深文以逞,良恶不白";饮食上的"昏晨醉宴,弛废土事";货财上的"侵牟民利,以实私储",帷薄上的"盛拣姬妾,以娱乐色"。他的这篇瘴说,是对当时政弊、恶吏的抨击和痛斥,就是对今天来说，也有其积极的意义。

除宋人题刻以外，唐人张浚、刘崇龟亦有镌刻；清人有大字榜书"龙命""破壁"等。

龙隐洞中的宋代蔡京《元祐党籍碑》，记录了发生在北宋时期的一场震惊朝野的党争。崇宁四年（1105 年），宋徽宗赵佶听信宰相蔡京的话，将元祐年间反对王安石新法的司马光、文彦博、苏轼等 309 人列为元祐奸党，由赵佶亲自书写刻石立于文德殿门之东壁。又令蔡京书写，在全国刻石立碑。当时由于众人反对，徽宗又见彗星出现，以为不祥之兆，遂下诏毁碑，原碑无存。

龙隐岩这一块是时隔 93 年后，即南宋庆元四年（1198 年），由被列为元祐党人之一梁焘的曾孙梁律到桂林为官时在龙隐岩内重新题刻。这石碑是全国仅存的最完整的一块。

桂海碑林中有很多是古代书法名家的妙品，篆隶行草，汇集于一堂。唐代颜真卿的"逍遥楼"榜书、郑书奇的《新开独秀山石室记》、宋代燕肃的七星岩篆书题名、米芾的还珠洞题名和陆游的《诗札》、柯梦的《迎享送神曲》，以及范成大、张孝祥、吕胜已、张栻、詹仪之、徐梦莘、梁安世、陈谠、陈孔硕等人题刻，无不墨笔精妙。除了精品、绝品，桂林石刻还有许多奇品，让人拍案叫绝。

桂海碑林中，现存石刻 213 件，其中唐代 1 件，宋代 111 件，元代 1 件，明代 42 件，清 26 件，民国时期 1 件，无可考 31 件。

龙隐岩之胜，除了上述绝顶的碑刻荟萃的人文景观外，还在于岩前碧波荡漾的江水，岸边婀娜多姿的垂柳，浓郁成阴的茂林，迎风摇曳的修竹；也在于它宽敞明亮，幽静娴雅，留下洞天福地的幽静。正是岩洞之胜招徕了古人的题刻，古人的题刻更彰岩洞之美，使得山水、文人相得益彰。

7. 中国开发旅游最早的洞穴

欲界仙都——江苏宜兴善卷洞

"欲界仙都"，这4个字刻在善卷洞的石壁上。在佛教教义中，欲界指红尘，也就是花花世界，从字面上解释就是人间天堂的意思。这4个字，是梁代的贞白先生陶弘景给善卷洞的赞语。陶弘景是我国道教中的著名人物，在当时，他有山中宰相之称。

善卷洞，位于宜兴城西南25千米的螺岩山中。全洞面积5000平方米，有上洞、中洞、下洞及水洞。善卷洞因它的天然灵秀而美丽诱人，又因善卷景区的深厚文化背景而名扬天下。

南方秘境——中国喀斯特地理全书

中洞亦称前洞,善卷洞的入口处。中洞口有一巨大的钟乳石,高7米多,称砥柱峰,又称小须弥山。中洞是个天然的大石厅,高大,深远,宽敞,壮丽。石厅两边是形似青狮、白象的巨石,故中洞又称狮象大场。"狮象大场"4字由丹阳吕凤子题写。岩壁上还镌有"伏虎须弥当洞口,青狮白象拥莲台"联句。

上洞称云雾大场,又称云洞。上洞景观丰富,有倒影荷花、万古双梅、熊猫小居等景点。乌龙吐水、金鸡独立景观则是当年海水冲刷的痕迹,为研究善卷洞的形成提供了佐证。上洞的奇妙之处在于云口,一巨大岩石阻隔了洞内对流的空气,造成了上洞与中洞的温差,所以上洞的温度常年保持在 23℃左右。由于温度和水汽所致,上洞又云雾缭绕,观赏上洞如

此为善卷洞之"下洞"的中心地带,是一片平地,作为游水洞上船的水码头。这里置放些石桌石凳,供游人候船休息。小舟载客6人,船工撑篙,荡漾水洞,别有意趣。水码头上方,有"壑谷"二字,是宜兴籍著名书法家沙彦楷手书。

临天上人间，欲界仙都。

连接中洞与下洞的通道称为盘梯，为当年人工开凿而成，全长 105 级。由于下洞水流冲泻声和游者说话声、风声等折射上传，在通道的各层转弯处会听到各种不同的声音。从上至下，游者仿佛置身于金鼓齐鸣、风雷交加、万马奔腾的境地。

下洞别有韵味。洞天相接，悬崖飞瀑直泻下洞，小桥流水潺潺归赴水洞，森林梯田，珍禽异兽，洞高宽畅，空气清新，一幅大自然的景观，增添了溶洞的秀色和灵气。

水洞即后洞，长约 120 米，水深 4 米多。水洞泛舟，船在水中行，浆在天上撑，曲折荡漾，天穹压顶，千奇百怪的天然造型，配上彩灯，如游水晶宫、地下长廊、天然博物馆，引你凝思妙想，又心旷神怡。水洞尽头，豁然开朗，游者如梦初醒，惊叹这奇异的山水历程。

出水洞，周围有丰富深厚的人文景观和自然景观。有三国时期的国山碑、晋代的"祝英台琴剑之冢碑"、唐代的碧鲜庵碑；有始建于南齐的千年古刹善卷寺古景观；有先人为纪念唐司空李蟜、宋相李纲、宋大学士李曾伯 3 人先后在善权寺求学功读，后又都为修建善权寺、开发善卷洞做过贡献而建的三生堂；有梁祝墓、李蟜、李曾伯墓和善卷洞重新修缮者储南强先生墓；有名目繁多的观赏植物及国家重点保护植物树种等。

据史书记载，民间传说中祝英台出生在善卷洞，梁山伯、祝英台曾生活、读书在善卷。现善卷洞周围仍有英台阁、祝陵村等梁祝故事中"十八相送"地方遗址。近几年，当地政府为保护历史文化遗产，恢复了善权寺圆通阁、设立了梁祝文化陈列馆等，增加了善卷洞的看点，丰富了善卷洞的文化。

善卷洞的开发记载，始见于公元 3 世纪中叶。三国时期善卷洞为石室，梁代又称九斗洞。南北朝齐建元年间，有人依洞建庙称善卷寺。南齐东昏侯（萧宝卷）永元元年（499），为避讳，改卷为权。到唐代时，寺产及寺前土地被扬州海陵（今泰州）钟离简所得，且作为私人墓地。唐大司空李蟾未第时曾在善权寺读书，对这块灵异宝地落入他人之手愤慨不平。唐咸通八年（867），司空李蟾上奏皇帝后，自出俸钱重修寺庙，并整理善卷洞。李蟾当时详细记载了善卷洞的景观："石室通明处，可坐五百余人。稍暗处，执炬以入，不知其深浅。其中，石有鸟兽之形及盐堆、米堆怪异之状极多。洞门直下便临大水洞，潺湲宛转，湍濑实繁于山腹内，漫流入小水洞。小水洞也是一石室，室内水泉无底，大旱不竭。"明朝都穆《善权记》称："宜兴山水甲于东南，而善卷洞及大小洞尤号胜绝。"近代，兵祸天灾，善卷寺被毁，善卷洞也几乎淤塞不通。

民国十年，乡绅储南强筹资整修善卷洞。民国十四至二十三年，凿通中洞与下洞的通道。民国十九年开始整修水洞。民国二十三年11月，善卷洞与张公洞同时举行了游览通车典礼，正式对游客开放，洞内掌汽灯为游人照明。

新中国成立后，储南强把洞交给县人民政府管理。几十年来，政府投入大量人力、物力整修善卷洞。至今，善卷洞以其便捷的交通、融古代文化和现代化设施于一体展现在中外宾客面前。

关于善卷洞的发现，民间流传着许多美丽的传说。其中一说在四五千年前的原始氏族社会有一位贤人，名善卷，舜要将"天下"让给他治理。善卷答道："余逍遥于天地之间而心意自得，吾何以天下为哉？"于是善卷就不远万里之遥，来到江南宜兴这处荒山石洞中隐居，后人为纪念这位贤人，便把这个洞称为善卷洞。

8. 中国天坑之最

面积最大的天坑、容积最大的天坑

【打岱河天坑】

在贵州平塘县塘边镇，距离镇政府所在地约 18 千米的新建村，有一座龙凤山，以此为中心，在周围 20 余平方千米的范围内，分布着猫底坨、打岱河、倒坨、瑶人湾、音洞、打赖坨等 12 个大小不等的天坑。其中，打岱河天坑，经中法洞穴探险队多次在这一带进行探险考察，最终测得打岱河天坑的数据分别为长 1800 米，宽 740 米，深约 200 米，成为中国面积

在距贵州黔南布依族苗族自治州平塘县塘边镇政府所在地 18 千米的新建村境内，有一片喀斯特山区，叫龙凤山，周围 20 余平方千米的范围内，分布着猫底坨、打岱河、倒坨、瑶人湾、音洞、打赖坨等 12 个大小不等的天坑，其深度均超过 300 米，最高海拔 1137 米，最低海拔 548 米。它们以打岱河为中心，形成一组气势磅礴、规模宏大的天坑群。

最大、容积最大的天坑。该天坑容积是重庆奉节小寨天坑的两倍多，目前仍处于"养在深闺人未识"状态。天坑四周为悬崖绝壁和繁茂的原始森林，底部有种类繁多的动植物，并与周围12个天坑相连，喀斯特地貌发育较为完善，洞内大小溶洞相互交错，洞重洞，洞穿洞，洞内钟乳石分布均匀，洞中有水，水上有滩，洞底有河，构成庞大的地下溶洞群。

密度最大的天坑群
【乐业大石围天坑群】
广西乐业大石围天坑群，堪称世界天坑之最，具有稀有、

乐业县拥有以大石围天坑群为代表的世界级品牌的旅游资源，经过中、美、英、日、法等 10 多个国家的专业探险队科考论证，在 20 平方千米范围内，已发现有天坑 28 个，其天坑数量和天坑分布密度世界绝无仅有。

奇特、险峻、恢弘、壮丽、秀美、生态环境独特的旅游观赏价值。乐业县境内已发现 28 个天坑，都位于百朗地下河的上方，其中大型和超大型天坑达 9 个，无论天坑数量还是大型天坑数量，都堪称世界之最。大石围天坑口部直径为 420~600 米，最大深度 613 米，平均深度 511 米，为世界第二大天坑。在众多的乐业天坑群中，列入世界级的有大石围、邓家坨、大坨、穿洞、白洞、神木、拉洞等 7 个天坑，囊括了天坑之精华，被誉为世界天坑博物馆。

乐业的许多天坑中，最传奇的一个就是黄猄洞。当地人一直传说，黄猄洞里有野猪出没。为了揭开这个谜底，2001 年 4 月，以中科院研究员林荣华教授为主的科考队，对黄猄洞进行了考察。

黄猄洞位于乐业县花坪乡南 13 千米处，深约 150 米，四面绝壁环绕。科考队带着向导、两只猎犬，来到了洞底。果不其然，猎犬发现了野猪的踪迹。

【小寨天坑群】

在重庆奉节县兴隆镇小寨村，坑口地面标高1331米，深666.2米，坑口直径622米，坑底直径522米，是目前世界上发现的最大的漏斗。小寨天坑被洞穴研究专家评为"天下第一坑"，以它的惊险奇绝闻名于世。小寨天坑的地下岩溶水文系统很完整，在280平方千米的流域面积内存在着一个天坑群，共有硝坑天坑、冲天天坑、猴子石天坑等6个天坑。小寨天坑不仅巨大，其色彩也极其丰富。绝壁上的岩纹颜色奇特，红、黄、黑相间，犹如一幅国画。

小寨天坑在重庆市，是世界上最大的天坑。小寨天坑和其他天坑一样，是因地下河流侵蚀该地的石灰岩巨洞形成的。洞顶倒塌，天坑就形成了，成为世界上最壮观的喀斯特景观之一，而且还具有重要的生物学研究价值。它如同一口直通地心的深井，让人望而却步。

［卷一］ 喀斯特景观

三门海天坑，在广西凤山县。这里是广西长寿之乡。地下河与数个天坑、天窗串联在一起，形成了喀斯特的神秘风光。从天窗透射下来的阳光，把地下河的碧波映照得格外美丽。这里的温度常年保持在16.5~21℃，湿度40%左右，负氧离子含量丰富。三门海地下河水质达到国家二级地表水，可以直接饮用。

【三门海天坑群】

在广西壮族自治区西北部的凤山县袍里乡坡心村，三门海景区的天坑就有7个，是串珠式天窗群，并列排成北门七星状，在世界旅游资源中是绝无仅有的，意大利著名探险家诺萨里奥卢基里博士说："凤山三门海天坑群奇观，串珠式塌陷，兴山、水、洞、天浑然一体，独一无二，实属罕见。"

【箐口冲蚀型天坑群】

在重庆武隆后坪乡箐口村（现为中岭村）。最典型的有箐口、牛鼻子、石王洞、打锣凼、天平庙等5个天坑，它们都发育于奥陶系石灰岩中，由地表沟溪、落水洞、竖井、天坑、化石洞穴、地下河和泉水组成。天坑一般均具有百米以上的直径和深度。它们均属于地表水冲蚀型成因天坑，这是目前世界上已发现的唯一的冲蚀型成因天坑群，并具有完整的系统性和发育的阶段性，在国内外甚是罕见和稀有。这一成因类型的天坑是由地表外源水流的集中冲蚀（侵蚀）与溶蚀作用形成的天坑，天坑本身就是地下河的发源地，形成"流入型"洞穴和"起源式"地下河。其地下洞穴分层并成网状分布，已经探明的就达到100千米以上。已经是中国最长的地下洞穴。

【紫云天坑群】

在贵州紫云苗族布依族自治县水塘镇。这里的喀斯特地貌发育完备，以穿洞群景观为代表，集峡谷河流、原生植被、苗族文化及风土人情景观于一体，具有雄奇、险峻、幽深、旷野、神秘、壮阔、秀美、古朴的特点。其中大型天坑有 4 个。

生物种类最丰富的天坑

【乐业大石围天坑】

广西乐业县大石围天坑底部有世界上最大的地下原始森林。发现有比恐龙时代同期生长的国家一级保护植物桫椤还古老的短肠蕨类植物，有我国首次发现的面积 500 多平方米的带刺方竹等。在科考中还发现许多稀有动物，如盲鱼、白色毛头鹰、透明虾、中华溪蟹、幽灵蜘蛛等，其中中华溪蟹、幽灵蜘蛛被确认为新物种。

大石围天坑内因为几乎常年水雾弥漫，因此植物种类多。乔木、灌木、草本群落层次分明。上层为乔木层，以成年期珍稀树种香木莲为主，天坑底层为多种起源古老的蕨类为主的草本。

峡谷岚烟
——喀斯特景观之"谷"

1. 中国最美的喀斯特峡谷

举世闻名的长江三峡，由于新生代以来地壳不断地间歇性上升，长江及其支流则迅速下切，形成了雄伟壮丽的大峡谷喀斯特地貌。在万山重叠中，长江之水峰回路转，劈山凿石，奔驰东去，一泻千里。

【长江三峡】

　　举世闻名的长江三峡，由于新生代以来地壳不断地间歇性上升，长江及其支流则迅速地下切，形成了雄伟壮丽的大峡谷喀斯特地貌。在万山重叠中，长江之水峰回路转，劈山凿石，奔驰东去，一泻千里，两岸奇山怪石，层出不穷，尤其是其中的巫山 12 峰，更是千姿百态。峡谷两岸高峰

南方秘境——中国喀斯特地理全书

突起，怪石嶙峋，峭壁屏列，峡谷幽深，朝云暮雨，变幻多姿。

长江三峡是由长江垂直切穿南北走向的巫山山脉，形成的高山峡谷，从四川奉节县白帝城开始，至湖北宜昌市南津关止，全长约200多千米，成为中国著名的长江峡谷景观。自西向东分为3段峡谷：瞿塘峡、巫峡和西陵峡，因而得名三峡。长江三峡两岸高山对峙，山高谷深，崖壁陡峭，江水湍急，群峰竞秀，云雨变幻多姿，成为中外驰名的峡谷风景区。长江三峡可以说是大自然对江山创建出的奇特美景，它兼有泰山之雄伟，华山之险峻，又有黄山之神奇，庐山之变幻等多方面景观，并以山河雄奇壮美、峰石林涧幽深而闻名于华夏。

同时，长江三峡也是水量最大的峡谷，每年水流量为4500亿立方米。

【北盘江大峡谷】

在贵州省贞丰县，秦汉时期属古夜郎国的领地，《史记》中称"牂牁江"。北盘江流经贞丰县的7个乡镇，在境内形

北盘江大峡谷是贵州高原上神奇的喀斯特地貌，峡谷两岸峰峦蜿蜒，危崖高耸如犬牙交错，岩石裸露，峭壁险峻，云雾缭绕。春天时，北盘江似飘带般流淌，若是夏天，则气势汹涌，桀骜不羁。

成了一条94千米长的大峡谷，为贵州的峡谷之最。这条峡谷集峰林、溶洞、怪石、瀑布、伏流、花滩、旋塘和原始森林植被于一体，既有长江三峡的秀丽险峻，也有美国科罗拉多大峡谷的雄奇壮美。在这一段峡谷中，还萦绕着远古壁画、古城遗址等夜郎文化之谜以及铁索桥、摩崖石刻、古驿道等人文景观。

北盘江其源头在云南省境内，途经纳百川，集细流而成浩浩荡荡逶迤于峡谷中，最后注入广西北海。其流势犹如九曲回肠，向北盘绕而去，故名北盘江。

2. 中国植物种类最多的峡谷

【通灵峡谷】

在广西靖西县城东南部32千米的湖润镇新灵村。是一个长方形全封闭式的峡谷，长约1000米，宽200多米，深300米，犹如地球突然裂开一条缝，狭长而深邃。峡谷内密匝匝地长满了原始古树，四周刀削般的悬崖绝壁，也旁逸斜出长满了婆娑多姿的树木。满谷苍翠，涧水潺潺，整个峡谷充满了热带原始森林的气息。

　　这里荟萃了2000多种植物，其中有许多属国家重点保护的珍稀植物。有出现在侏罗纪时代（距今1.8亿年）与恐龙同时生长的杪椤、观音莲子座蕨类植物和金丝李、蚬木、润楠、桃椰树、火焰树等珍稀植物。中科院植物研究所研究员王印政、张宪春教授一行5人考察后做了权威性的评价："除西双版纳外，这里是植物种类最多的地方。"

　　据地理学家考证，这峡谷原是个盲谷，由于地质运动的影响，盲谷顶部陷落，形成一个大天窗，峡谷两边山崖还保留盲谷特有的拱形，拱形悬崖上凌空悬着姿态各异的钟乳石。

　　2000种自然生长的植物，多种珍稀保护植物，使得通灵峡谷获得了"绿色植物宝库"的称谓。

靖西通灵大峡谷，是地球上一道美丽的裂痕。从遮天蔽日的枯藤老树下走过，800多级台阶宛如一条绿色的隧道通往地心。过小桥、走栈道、登陡坡、穿密林，在不见天日的南方热带雨林当中，喀斯特的表现，是如此生机盎然。

3. 中国最窄的峡谷

【武隆龙水峡】

在重庆市武隆县仙女山镇境内，距县城 15 千米。地缝是几千万年前造山运动而形成，属典型中深切山峡谷岩溶地貌。因与天生三桥孪生发育在龙水峡内，壁陡峡深，犹如地球上的一条裂缝而得名，是武隆境内又一喀斯特地质奇观。峡谷长 5 千米，谷深 200~500 米，两岸宽度仅 1~5 米，阳光难入缝底。峡谷里可见绝壁、涡穴、裂点、浅滩、崩塌、瀑布、泉水、洞穴等多种地质遗迹。

【奉节天坑地缝】

在奉节县兴隆镇荆竹乡小寨村。2002 年，中英联合科考队对天坑地缝又一次考察后，中方代表、喀斯特专家朱学稳教授宣布：奉节小寨天坑是世界上已知最大岩溶漏斗。天坑底部有一条地下暗河，通到哪里去了呢？

经过探险队的考察，天坑与地缝是相通的。连接两者的，就是那条来无影去无踪的地下暗河。

地缝发源于奉节县长安乡火烧二坝，是两座平行山峦间凹下去呈"V"字形的一条大裂缝，地缝中段部分有地方仅70 米宽，两岸岩壁耸立，森然欲合，又有怪石林立，如鬼怪似猛兽。在缝底一侧的崖根处，有一个 4 平方米的洞穴，洞口垂直而下，四壁尽是漆黑发亮的怪石，人们称它为"黑眼"，是地缝的出水口。到最后十几千米的下段时，更有狭窄处仅容一人通过，看天空已是渺渺一线，想到不远处天坑中的空阔，恍若隔世。

地缝已开发的部分只是居中一段，没有游人到达过它的尽头。当天井峡地缝延伸到迟谷槽时，在两座山峦间消失，尽头处有一个深坑，里面蓄满溪水。这里的缝间距离

不过 10 余米，而垂直深度却达 200 米以上，地缝另一端的尽头据称被一座 10 多米高的悬崖拦住去路，崖下有碧绿深潭，至今无人走通。

在奉节天坑地缝深处，生长着一些野生兰花。兰花喜润而畏湿，喜干而畏燥，天坑地缝这些奇特的地理环境，成了兰花的快乐老家。当我们从远处看大山深处的天坑地缝时，是否想到，一些清秀淡雅的兰花正在陡峭的崖壁上生长，屡屡薄雾，袅袅缭绕。

天井峡地缝位于奉节县兴隆镇，为隐伏于地下的一条暗缝，绵延将近 40 千米长，是典型的"一线天"喀斯特景观。

4. 中国最雄伟的盲谷

【什么是盲谷】

在地理学上，一些峡谷通常被称为干谷或盲谷。因为在喀斯特地区，河床上有时会有漏斗和落水洞，河水流经就会全部被截入地下，由此形成的干涸河床叫做干谷；有的河流全部流入溶洞之中，成为没有出口的河谷，则叫盲谷。这是喀斯特地貌的一种形态，也就是说，地面河流突然消失，明河突然变成暗河，无法看见河流去向。有人形象地称盲谷为地表水的死胡同——有的河流突然终止于岩壁，就像进入了一条死胡同。水哪里去了呢？通过溶洞流入了地下暗河。

【五里冲盲谷水库】

五里冲水库，位于云南省蒙自县城东南 22 千米处。由

五里冲水库，位于云南省蒙自县境内。是我国喀斯特地区成功建造的第一座水深超百米、库容超过 5000 万立方米的无坝水库。这是借助于喀斯特的特殊地貌——盲谷而修建的。封闭五里冲盲谷渗漏通道，蓄水即成五里冲水库。

于喀斯特地区特殊的地质结构，地表水常常流入地下暗河，造成地表干旱。修建水库是最有效的缓解干旱的办法之一。以前，南溪河的水，向南流去，在五里冲形成盲谷，流入地下，造成大量水资源流失。如果把五里冲这个盲谷堵住，就可以形成一个天然水库。

国家决定修建五里冲水库。这是我国岩溶地区成功修建的第一座深过百米的盲谷无坝中型水库，1995年7月1日，五里冲水库正式蓄水。

根据盲谷的地质原理，五里冲水库工程的建设项目的主要任务之一，就是要把盲谷进入暗河的通道堵住。这样，五里盲谷成平湖，万顷旱坝变水乡。

【师宗凤凰谷】

在云南师宗县五龙壮族乡凤凰谷。这里有一个远近闻名的凤凰峡谷。这里是高原水乡，灵秀与轻柔，五条河流环绕着壮乡水寨缓缓流淌，悠悠穿过一弯弯石拱，形似5条飞龙盘绕，故地名为五龙壮族自治乡。凤凰谷位于师宗县五龙河上游的凤凰山麓，峡谷两侧峭壁嶙峋，风光独秀、凤凰谷中段突现一奇特景观"生命之门"，幽深的峡谷历经2亿年的沧桑巨变，裂陷出一个惊天奇观——神秘宫，洞口阴柔婉致，酷似女阴，真是天工造物，被誉为生命之门。

此洞又名岩峰洞，洞顶到地面的垂直高度218米，洞口宽30米，堪称国内之最。凤凰峡谷风光旖旎，宽30~80米，高差却达600多米，有百米高瀑飞流直下，与上游涌来的溪水，流入岩峰洞，成为暗河。

洞内深约1.8千米的溶洞，凉气袭人，流水贯穿其间。巨大的厅堂面积万余平方米，高70余米，硕大的洞口和巨大的厅堂巧妙组合，硕大的洞口能接受阳光西照300米于洞内，形成了"溶洞日照"的奇观。

5. 中国瀑布最多的峡谷

【马岭河峡谷】

马岭河峡谷位于贵州黔西南州兴义市境内。集雄、奇、险、秀为一体，这是一条著名的喀斯特地缝，谷内群瀑飞流，翠竹倒挂，溶洞相连，两岸古树名木点缀其间，千姿百态。

在贵州兴义市东北6千米处。马岭河发源于乌蒙山脉，是南盘江北岸的重要支流，横穿古夜郎兴义市境内80余千米，由于水量充沛，落差大，河水的下切能力强，竟在平川上切出一条狭窄幽深的地缝峡谷，这种结构在全球极为罕见，因而马岭河峡谷有"天下第一缝"之称。峡谷风景区两岸峭崖对峙，谷深流急，银瀑飞泻；滩险急流处，水石相搏、惊涛

南方祕境——中国喀斯特地理全书

万峰林景区是典型的喀斯特盆谷峰林地貌，分为东、西峰林，景观各异。东峰林以峥嵘的喀斯特峰丛为特征，西峰林是坦荡的高原喀斯特景观。

拍岸、震耳欲聋。崖画、千泉、万洞两岸悬挂。从河床昂首两岸，在蓝天白云的映衬下，犹如天沟；从峡谷大桥俯视谷底，湍急的河流恰似地缝。景观最为奇特的钙化瀑布群，谷深、流急、瀑多，原始生态保护完整。

　　天星画廊是峡谷景区精华之核心部分，它的主要景观特色是规模宏大的瀑布群和岩页壁挂，堪称一绝。从马岭古桥到天星桥 9.7 千米段有 56 条瀑布，终年长泻 36 条。其中长仅 1.7 千米的天星画廊段就有万马咆哮瀑、珍珠瀑、面纱瀑、间歇五叠瀑、捞月瀑、洗心瀑、路帘瀑、飞厅瀑等 13 条。瀑高 120~200 米，瀑宽 20~110 米，壮如银河缺口，柔若轻纱袅娜。

【卷二】 喀斯特景观下的生物

喀斯特地区，由于干旱缺水，多数地区的生态比较脆弱。但就是在这样的困境下，在我们未曾注意到的地方，无论是在地上的喀斯特峰丛峰林里，还是在地下的天坑溶洞或地下河里，都会有一些动物和植物，以极其顽强的生命力繁衍生长着。

生物多样性是人类赖以生存和发展的基础，而喀斯特地区的生物群种，是人类生物多样性中不可或缺的一部分。

喀斯特地区的生物，有一个共同特点，就是在如此脆弱的生态环境下，生长着很多珍稀动物和植物，如像熊猫一样的国宝、目前总数不足千只的"白头叶猴"，再比如濒临灭绝的世界一级珍稀保护植物——兜兰种群等。

它们是喀斯特的主人。喀斯特是它们永远的家园。

喀斯特精灵——动物

1. 盲鱼：从未目睹过花花世界的鱼类

盲鱼，多种生活在山洞、深海或多泥水域中的鱼的统称。它们通常白色或粉色。它们的祖先原本和正常鱼一样，只不过是生活在黑暗的地方，这样经过了几代，他们就丧失了视力。有几类盲鱼出生时有眼睛，但不久就消失了。盲鱼靠头上、身上和尾部的感觉器官摸索前进。

在重庆市武隆县境内的大山深处的火炉镇，有一个叫梦冲塘的地方，这里的村民过着安逸平静的生活，然而前不久，村子里发生了一件怪事。有人在村里的水塘中发现了一种像鱼

所谓盲鱼，并不是真正的盲，而是原来有眼，因长期生活在黑暗的地下河，从未见到光线，鱼的眼睛就逐渐退化，变小、变细，失去作用。此外，它们生活于黑暗的溶洞环境中，以水生昆虫等为食，由于长期适应洞穴环境，体无色素，鳞片退化，有的身体变得透明，可见肝胆。著名的有广西巴马"小眼金线了鲃"，属国家二类保护鱼种。

一样的怪物。村民捕捞上来的小鱼竟然没有眼睛、通体红色，而且还正鼓着像青蛙一样的囊泡，面对出现在眼前的怪物，人们纷纷猜测着，但谁也说不上来这是什么。这个消息很快不胫而走，村民们奔走相告，因为他们相信传说中的龙女现身了。

原来，在当地流传着一个美丽的传说，相传曾居住在此的蔡龙王三女儿蔡梦冲，常常在塘边梳洗打扮，而一些到塘边挑水的人，有时就会幸运地见到她。梦冲塘的村民们相信，龙王的女儿不愿让凡间的人看见，所以化做一条美丽的红鱼沉入塘中，从此再也没有出现过，但村民们坚信，龙王的女儿还会出现，并在塘边筑起了纪念碑，期盼着蔡梦冲还会回来。

梦冲塘的地下涌泉一直不停地涌出。一直到 2005 年 1 月，由于大坝维修，将梦冲塘的水放干后，从涌泉中人们发现了一些美丽的不明鱼类。它们没有眼睛，全身肉红色并呈半透明状，没有鳞片，胸鳍上方还长着一对奇异的白色囊泡。经水产专家鉴定，发现它们是还未发现的一个新物种，在分类上属于鲤科条鳅亚科的一个新种，根据其产地特征将其命名为"武隆丽条鳅"。通俗地说，叫白泡盲鱼。

白泡盲鱼生活在喀斯特地区的地下暗河或地下溶洞中，那里终年见不到阳光。它的眼睛完全不能发挥视觉作用，因此严重退化，完全失去作用，已对光线无反应，在也许是若干万年的进化历程中，逐渐从功能丧失演变成了器官完全退化。

此种盲鱼鳍条很长，触须发达，它们依靠发达的鳍条和触须等器官保持着对环境非常敏感的反应能力，只要周围有轻微的水流变化及震动它们都能感觉到，并迅速作出反应。盲鱼鼓起的泡泡，竟然是正在进化的鱼漂，泡囊增大之后对于外界声音、水流等震动的敏感性会增强，帮助它感知外部世界，以适应黑暗的洞穴水文条件。

白泡盲鱼终年生活在地下暗河或地下溶洞中，像其他洞穴鱼一样，在那里它们只能靠昆虫、浮游生物及蝙蝠的粪便等为食。总之，盲鱼没有眼睛，是鱼中的瞎子。我国西南地区的地下洞穴中也有罕见的盲鱼，长期的黑暗不但导致盲鱼的眼睛退化，还导致它们的色素消失，通体透明，连体内的脊椎和内脏都看得清，宛如一条条玻璃鱼。

据《春城晚报》报道，云南曾发现7种奇怪洞穴盲鱼：建水裸腹盲鲅、阿庐古洞透明金线鲃、九乡溶洞无眼金线鲃、石林盲高原鳅、个旧盲高原鳅、罗平犀角金线鲃和云南高原鳅。

这些盲鱼，一辈子生活于洞穴中，由于洞穴黑暗、无绿色植物、生存环境相对稳定等原因，这些鱼类的器官逐步废退。首先是眼睛退化，眼窝最终被脂肪所填充；其次是色素逐渐消退，体呈半透明状，可见其内脏；再次是触丝、侧线等感觉器官经历了发达、更发达、退化的过程，最终被奇形怪状的派生感觉器官所代替。如阿庐古洞透明金线鲃身上，竟长出了一只"脚"，科技人员研究后认为，那是一个代替眼睛的感觉器官。

洞穴盲鱼是研究鱼类进化的活化石，又是探测地下水源的指示性生物，具有巨大的科学价值。

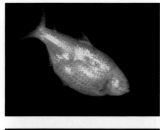

世界上的洞穴鱼类约三分之一分布于中国，有的种类因为对洞穴生活的高度适应，眼睛退化直至消失。这些盲鱼多数都有着半透明的体色，长长的口须，它们在黑暗的洞中世代相袭，不知昼夜寒暑，过着与世隔绝的生活。

[卷二] 喀斯特景观下的生物

2. 蝙蝠：弱光地带，黑暗家园的主宰者

人们常常用万籁俱寂来形容夜幕降临后的大自然，其实这是一个误解。一些夜行动物，正是在浓浓的夜色之中才刚刚拉开它们一天活动的序幕，比如蝙蝠，它们就是黑夜的精灵。

在南方的喀斯特山区，长年生活着成群的蝙蝠，那些喀斯特溶洞，就是它们栖息之所。如果我们在白天进入山洞，可以看到洞顶上悬挂着无数的蝙蝠，数量极为壮观。如果鸟类在白天主宰了整个天空，那么夜晚则属于蝙蝠。

当倦鸟归巢，万籁俱寂时，蝙蝠们开始了它们的夜生活。它们靠回声定位系统，毫无障碍地飞来飞去，并且准确无误地捕食各种昆虫。

蝙蝠是从辽远的古代食虫类进化来的动物，它们原先生活在热带和亚热带的森林里，它在树上吃虫子，为了吃虫子，它要爬上爬下，为了更好地摄取这些食物，它就开始跳，从一个树枝跳到另一个树枝，慢慢的，前肢开始加长，长出了膜，开始飞翔，变成真正会飞的蝙蝠类群。

在哺乳动物中，蝙蝠的种类，数量仅次于老鼠这样的啮齿动物，是第二大类群。它们的生态习性，取食方式，也多种多样，既有吃昆虫的，也有吃果实的，也有像蜜蜂一样吸食花蜜的，还有吃鱼的等等，然而其中最有名的恐怕就是生活在热带美洲的吸血蝙蝠，它们靠从大的哺乳动物身上吸食血液为生，包括马、牛、狗、猪等牲畜都是它们袭击的对象，人类也不能幸免。它们在夜晚悄悄贴近猎物，吸饱了血之后大腹便便，以至于要匍匐前进。吸血蝙蝠使整个蝙蝠类群都蒙上了神秘而又恐怖的面纱。

早期的蝙蝠可能是居无定所的，但它们也需要有一个家，慢慢的它们找到岩洞里，聚集在里面，后来演化成完全群居在

洞里。在我国南方一些喀斯特山洞里，一进去，成千上万的蝙蝠倒挂在洞顶，它们绝大多数都生活在洞或岩石缝里。洞是很早就形成的，从我国的喀斯特溶洞来看，新生代早期就有了。

蝙蝠居住在各类喀斯特山洞里，还有一些隐藏在棕榈、芭蕉树的树叶后面，它们喜欢群居，有些蝙蝠种群成千上万只在一起。

蝙蝠也迁徙，它们在冬季迁徙到温暖地区，有时要飞过数千里路。温带穴居的蝙蝠一般都冬眠。蝙蝠每年只繁殖一次，在较早的温暖季节，蝙蝠生产幼仔。

在广西壮族自治区东南部的大山里隐匿着一个神秘的崖壁，聚集着成千上万只蝙蝠，因此当地人称它为飞鼠岩，据说那里蝙蝠的数量多达 1000 多万只。

那个地方在广西东部的麻垌乡。群山中耸立着一座硕大

南方的喀斯特溶洞，真可谓是"洞天福地"，溶洞内栖息着成千上万只蝙蝠，它们白天在洞中石壁上倒挂栖息，一遇惊动，摇头弄耳，鸣叫不止，堪称一绝。夜晚则似离弦之箭，从洞中飞出，场景十分壮观。

的石山，它四壁直立，高大而又险峻。3 年前，我曾在那里看到惊人一幕——峭壁上，密密麻麻、不计其数的蝙蝠，正疾速盘旋着，它们的巢穴活脱脱就像一座悬在半空的超级城市，一个属于蝙蝠的秘密堡垒。迄今为止，它们的世界依然云遮雾绕，诡秘得令人生畏。

在古代，蝙蝠可用作一种中药，用于久咳、疟疾、淋病、目翳等。它的粪便也是一种中药，叫夜明砂，用于目疾。

《抱朴子》说："千岁蝙蝠，色如白雪，集则倒悬，脑重故也。此物得而阴干末服之，令人寿万岁。"《吴氏本草》也说蝙蝠"立夏后阴干，治目冥，令人夜视有光"，《水经》更说蝙蝠"得而服之使人神仙"。

在中国科学院动物研究所，有一只让科学家困惑了 20 年的神秘标本。据说，它就是世上唯一一种能钻进竹筒里的神秘蝙蝠：扁颅蝠，由于它来无影去无踪，一直被称之为隐形蝙蝠。这种奇特的蝙蝠直到最近才被发现，它们生活在中国南方喀斯特山区的龙州县。供扁颅蝠栖息的竹缝远比想象的还要细小，呈长条状的入口，宽度通常还不足 1 厘米，甚至连一只普通的铅笔都无法塞进去。扁颅蝠不仅有奇特的扁平颅骨，头部非常小，而且身上的肋骨异常柔软，任何裂缝只要头部能钻进去，身子就没问题。

正是凭着惊人的精确定位能力和灵巧身手，这种颅骨扁平的奇异蝙蝠才得以自在地穿行于异常复杂的竹林，与此相比，它们的任何天敌都要自叹不如，这或许就是它们生存至今的秘密所在。

喀斯特环境对于蝙蝠有着极为重要的意义。在南方，已知四分之三的蝙蝠种类，都栖息在各类喀斯特的洞穴里。

南方秘境——中国喀斯特地理全书

3. 白头叶猴：轻松跳跃于峭壁上的灵长类动物

  白头叶猴，属于国家一级保护动物，为我国所独有，是国宝，其现存总数量略低于大熊猫，不足 1000 只。主要分布于广西崇左市境内，涉及左州区、扶绥县、宁明县和龙州县境内约 200 平方千米的卡喀斯特石山地区，包括广西岜盆自然保护区、广西板利自然保护区和广西弄岗自然保护区陇瑞管理站范围及所在的行政村。

  这一带的地形均为喀斯特地貌，地势西高东低。既有峰林谷地，又有峰丛洼地地貌；既有连片石灰岩山，又有星散

白头叶猴是亚洲叶猴的一种，是以树叶为主要食物的植食性旧大陆猴类，是中国特有的灵长类动物，被列为国家一级重点保护野生动物，也是唯一由中国专家命名的全球 25 种最濒危的灵长类动物，目前仅分布于广西西南部崇左市的江州区、扶绥县、龙州县和宁明县境内面积约 200 平方千米的喀斯特石山地区。

［卷二］ 喀斯特景观下的生物

呈孤峰残丘状态。石牙多见，洞穴众多。河流主要有左江和明江。落水洞众多，地下河常见外露成地面河或被开发为水库。地面河稀少，加之本身渗透性强，那里是广西干旱最严重地区之一。

白头叶猴是中国特有动物，与黑叶猴在形态和体型大小上都差不多，头部较小，躯体瘦削，四肢细长，尾长超过身体长度。它的体毛也是以黑色为主，与黑叶猴不同的是头部高耸着一撮直立的白毛，形状如同一个尖顶的白色瓜皮小帽，颈部和两个肩部为白色，尾巴的上半截为黑色，下半截为白色，手和脚的背面也有一些白色，故名。

白头叶猴仅分布在广西的左江和明江之间一个十分狭小的三角形地带的喀斯特山区内，面积不足 200 平方千米，具体地点包括广西龙州县的上金乡，宁明县的亭亮、驮龙乡，崇左县的罗白、漱湍、驮芦乡；扶绥县的岂盆、山圩、渠旧、渠黎、东门 5 个乡的部分地区，分布区的东、北、西 3 面均有黑叶猴栖息。

白头叶猴是一种半树栖半岩栖的热带猴类，它们充分适应了悬崖绝壁上的生活，喀斯特石山所富有的峭壁的岩洞，虽然充满了挑战，但却是躲避敌害最好的避难所。它们在树林中或陡峭的绝壁上跳跃自如，行走如飞，长长的尾巴起到了极好的平衡作用。

白头叶猴叫做叶猴，顾名思义因为它是吃树叶的，它食物的 80%~90% 都是树叶，在它生活的环境里面，有各种各样树叶。它们根据每个季节，喜欢吃什么树叶就采摘什么树叶，而且采食量并不高。因为它的胃有一个能够分解纤维素的室，它吃的树叶很快就能够分解。

白头叶猴生活于热带、亚热带丛林中，善于攀援，不仅能在树上悠荡，也会攀登悬崖。常聚集成家族小群生活，有一定的活动范围和路线，并有相对固定的栖息地。一般栖息于峭壁的岩洞和石缝内。以嫩叶、芽、花、果为食。

目前，白头叶猴在国外没有活体和标本，被公认为世界最稀有的猴类之一。白头叶猴的生存空间比大熊猫还小，与人类的亲缘关系更近，具有更多与人类相同的遗传基因。由于它们具有更加复杂的社会形态，白头叶猴的研究价值并不亚于大熊猫。

白头叶猴喜欢集群生活，群也不大，小的群就五六只，多的话也有十几只，很少有超过 20 只的。

白头叶猴栖生于石山密林或灌木丛中，生性十分机警，清晨或傍晚小群出来活动时，有专门站岗放哨者。

这个结群的社会里面，成年的公猴只有一个，就是猴王，其他的就是一些成年的母猴，这是一种一夫多妻制度的社会。

广西建立了弄岗国家级自然保护区和崇左白头叶猴国家级自然保护区。目前，白头叶猴的野外种群数量不足 1000 只。白头叶猴头是白的，肩也是白的，图中同为国家一级保护动物的黔金丝猴只有两肩间有一白色块斑。

公猴通过惨烈的决斗，最终有机会成为猴王。

成为新的猴王之后，它会残忍地杀婴，因为它想繁殖自己的后代。

白头叶猴早出晚归，生活很有规律，天亮以后就从夜间栖息的绝壁上的石洞内鱼贯攀缘而出，在离洞约 30~40 米的地方稍事休息之后，便开始在悬崖绝壁或树冠之间穿梭跳跃，采食可口的树叶、嫩芽、野花、野果等，一边吃一边玩，忙个不停。

中午前后，有的回到岩洞中休息，也有的坐在树上或者背阳的岩石上闭目养神，互不干扰。午休之后再次嬉戏采食，并且随着太阳的西斜，逐渐向栖息的岩洞方向移动。黄昏时分回到岩洞附近，确认没有异常情况之后，便一个接一个地爬进洞内睡觉。

白头叶猴自然保护区处于桂西南峰林石山和丘陵州、左江峰林石山台地区、崇左（现江州）——扶绥峰林石山和丘陵小区，地貌属典型的桂西南喀斯特地貌。峰丛海拔高度一般为 400 米左右，峰林为 200~300 米，谷底海拔为 100 米左右。受断裂地质构找造的影响，河流多沿着构造断裂发育，形成了宽窄相间的断裂河谷。依据有关分类标准，可将保护区的地貌按从小到大的顺序划分为 3 级地貌类型。

第一级地貌类型：为喀斯特峰丛洼地和峰林谷地等组合，主要分峰丛洼地、密集峰林谷地和稀疏峰林宽谷 3 类，这 3 类地貌类型都是由碳酸岩溶蚀发育而成的喀斯特山地地貌组合。

第二级地貌类型：主要是溶蚀洼地、溶蚀谷地、溶洞、石峰和红土台地。

第三级地貌类型：包括微型溶洞、石芽溶沟、石柱、落水洞、洞穴溶蚀堆积、悬崖、倒石堆等。

南方秘境——中国喀斯特地理全书

4. 蜥蜴：飞翔在树梢上的爬行动物

蜥蜴，中国古代称之为石龙子。属于冷血爬虫类，和它出现在三叠纪时期的早期爬虫类祖先很相似。大部分是靠产卵繁衍，但有些种类已进化成可直接生出幼小的蜥蜴。蜥蜴通常有 4 只脚，所以又称为四脚蛇。

魏晋时期的中药学家陶弘景曾这样记载："石龙子，其类有四种，一大形纯黄色为蛇医母，亦名蛇舅母，不入药；次似蛇医，小形长尾，见人不动，名龙子；次有小形而五色，尾青碧可爱，名断蜥，并不螫人；一种喜缘篱壁，名蜓，

蜥蜴，有个庞大的家族，分隶 20 科，已知我国有蜥蜴约 150 种，分隶 8 科。分别是：1. 壁虎科 2. 鬣蜥科 3. 蛇蜥科 4. 屏蜥科（其中，被誉为史前活化石的鳄蜥，为广西喀斯特地区独有品种）5. 巨蜥科 6. 双足蜥科 7. 蜥蜴科 8. 石龙子科。

形小而黑，乃言螫人必死，而未尝闻中人。"

蜥蜴是爬行动物纲中最庞大的家族，栖息环境也广布各地，有生活于水中、栖息于沙漠、潜藏于地下、攀爬于树林、甚至是飞翔在空中的，而且会为了环境的差异而演化出各种不同形态。蜥蜴主要吞食对农业有害的昆虫，人们称它是有益动物。

蜥蜴的形状与蛤蚧相似，但比蛤蚧小，背部有浅色圆形眼斑；多生活在房屋墙壁，栖息于干燥砂地、山坡、古代遗址及平原地带麦田附近。在中国南方的喀斯特山区，有较多分布。

地球上有多达数百种的蜥蜴无一不拥有令人难以置信的色彩，并且不断变化着。绚烂的色彩让它们得以拥有迷人的外表。蜥蜴的变色能力很强，有变色龙的美名。我国的树蜥与龙蜥多数也有变色能力，其中变色树蜥在阳光照射的干燥地方，通身颜色变浅而头颈部发红，当转入阴湿地方后，红色逐渐消失，通身颜色逐渐变暗。

蜥蜴的变色是一种非随意的生理行为变化。它与光照的强弱、温度的改变、动物本身的兴奋程度以及个体的健康状况等有关。大多数蜥蜴是不会发声的。壁虎类是一个例外，不少种类都可以发出洪亮的声音。蛤蚧鸣声数米之外可闻。壁虎的叫声并不是寻偶的表示，可能是一种警戒或占有领域的信号。

蜥蜴类动物大多性情是很温顺的，它们颜色大多比较鲜丽；好静，往往在一个地方一停就是几个小时，相当文静，一点也不会招人讨厌。

许多蜥蜴在遭遇敌害或受到严重干扰时，常常把尾巴断掉，断尾不停跳动吸引敌害的注意，它自己却逃之夭夭。这种现象叫做自截，可认为是一种逃避敌害的保护性适应，免

长鬣蜥，又名马鬃蛇，生长在喀斯特山区，头较大，眼睑发达。鼓膜裸露，背正中有一列侧扁而直立的鬣鳞，与马鬃毛相似，故得名。四肢发达，前后肢有五趾，均具爪。可以变色，但是不能像变色龙那样可以变换多种色彩。

受丧生之难。

　　实际上，人们一见蜥蜴，往往吓得后退，不敢捕捉，害怕被咬伤中毒。其实，我国所有的蜥蜴，都是无毒的，无论捕捉哪种蜥蜴，都没有危险，只要大胆心细，精神集中，眼疾手快，动作稳妥，就能捉住蜥蜴。

　　古医书《本草求原》中记载："（蜥蜴）偏助壮火，阳事不振者宜之。"

　　在中国南方的喀斯特山区，捕食蜥蜴者甚众。

　　野外捕捉蜥蜴，首先要了解蜥蜴活动的特点。蜥蜴是变温动物，其活动与季节、气温有密切关系。每年冬季，蜥蜴蛰伏洞穴中冬眠，至惊蛰后，才开始出洞活动。蜥蜴的体色与野外岩石近似，当周围有动静时，它就伏在岩石上不动；当危险临头时，它就迅速跳跑，钻到石缝中去。人们在野外寻找蜥蜴，不宜多跑快走，尽可能站在原地耐心地等待蜥蜴从洞穴中爬出来。

捕捉蜥蜴的工具可采用长柄蝇拍，将普通蝇拍的柄加长到 1~1.5 米，蜥蜴在距离 1 米左右处就可以捕打，不致因人靠近而逃走。如果没有长柄蝇拍，可用带叶的柳枝条代替。捕打时动作要迅速，拍子要用力打准蜥蜴头部或躯干，拍打后立即用手抓住，千万不要抓它尾部，因为蜥蜴会将身体左右猛烈摆动，使尾巴脱落，乘机逃走。

5. 弄岗穗鹛：中国南方喀斯特鸟类的新朋友

弄岗穗鹛（méi），隶属于雀形目画眉科穗鹛属，是中国鸟类学家、广西大学教授周放先生发现并命名的鸟种，为纪念其发现地弄岗，遂命名为弄岗穗鹛。中国现存的 1300 多种鸟类中，由中国人命名的只有 2 种，其余均为外国人命名。弄岗穗鹛，是继 80 多年前任国荣先生命名的金额雀鹛之后，由中国鸟类学家自行发现、描述并命名的第二个鸟类新种。这种鸟十分稀少，全部种群数量不到 2000 只，现已列入国际自然保护联盟（IUCN）物种红色名录的近危物种。

弄岗穗鹛，是典型的喀斯特鸟类，只分布于喀斯特山区，对喀斯特森林高度依赖。到目前为止，发现主要分布在龙州县弄岗国家级自然保护区，此外，在靖西县邦亮自然保护区和龙州县春秀自然保护区也有少量分布。

弄岗穗鹛体长约 18 厘米，全身大部分为深褐色，只有脸颊耳后有新月形的白斑，喉部及前胸主色为白但上有黑斑点。两性同形，个体差异不大，在树上及飞行的时间甚少，并只在受惊吓时才会做短距离飞行，飞行高度一般不超过5米，通常在岩石、藤本植物、灌丛、树枝上，以跳跃的方式活动。

大多数情况下，弄岗穗鹛都是在地上觅食，透过翻开落叶下的碎石寻觅昆虫及节肢动物为食。在非繁殖季节时常见5~10只鸟一起觅食，在繁殖季节则成双成对出现，进入繁殖配对后，弄岗穗鹛主要选择隐蔽程度较高的生境作为栖息地。

弄岗穗鹛只在森林下层活动觅食，觅食的地方因季节的变化而变化，雨季往海拔较高、树木盖度较少的山坡上觅食。旱季往海拔较低、灌木较多、树木盖度较大、落叶厚度大的山坡觅食。弄岗穗鹛一般3月中下旬进入繁殖期，把巢筑在高大的岩石或悬崖上的石头洞中，弄岗穗鹛的繁殖成功率较低，各种山鼠、野猫、蛇等天敌是弄岗穗鹛繁殖期最大的威胁因素。

桂西南地区是典型的北热带和喀斯特石山地区，它是一种脆弱的生态环境系统，一旦遭到破坏就难以恢复，再加上过去曾遭大规模砍伐，现在很多地区的山区仅生长着一些小灌丛，石山区石漠化严重，植被恢复困难。弄岗穗鹛高度依赖喀斯特森林，对生存环境要求较高。因此加强喀斯特森林的保护是保护弄岗穗鹛的基础。

6. 喀斯特之蛇：以静制动的古老王族

中国南方千奇百怪的喀斯特山区，很多地方怪石嶙峋，人类寸步难行，但这样的地方，却是各种蛇类的天堂。

以广西为例，这里的喀斯特地貌最为典型，呈现出高峰丛、深洼地的景象。山峦叠嶂，险峻陡峭，峰丛洼地层层相叠，洼中有洞，洞中套穴，幽暗深邃。一些瑶族、壮族村寨则分布在深幽的洼地底部，掩映在树丛与崖壁中，在一派神秘莫测的险境中安之若素。

所谓险，除了喀斯特的山之险，更多的是蛇类的危险。百色位于广西西部，地跨北热带、南亚热带和中亚热带3个气候带，地形复杂，植被繁茂，生态条件优越，具有丰富的蛇类资源。百色丰富的蛇类资源中经济蛇类种类多且数量大，是经济蛇类和蛇产品的重要产地之一。

百色市境内植被类型多样，有北热带季雨林、亚热带常绿阔叶林、常绿落叶阔叶混交林、石灰岩季节雨林、灌草丛等。温暖的气候、丰富的水源、复杂的生境，为野生蛇类提供了良好的栖息和繁殖场所。百色在市场上流动的主要经济蛇类有眼镜王蛇、眼镜蛇、三索锦蛇、百花锦蛇、黑眉锦蛇、乌梢蛇、滑鼠蛇、灰鼠蛇、金环蛇、银环蛇等。其中以眼镜王蛇和眼镜蛇占多数。

蛇餐、蛇宴是广西乃至全国饮食文化的重要组成部分，近年来人们食用蛇类已较普遍，百色市蛇类资源的利用首先就是食用。研究表明，蛇肉不仅质地细滑、味美，更重要的是它富有较高的营养价值，蛇肉中蛋白质可以和牛肉媲美。

百色地区具有的食用价值较高的蛇类有王锦蛇、黑眉锦蛇、灰鼠蛇、滑鼠蛇、乌梢蛇、银环蛇、三索锦蛇、百花锦蛇、眼镜蛇、眼镜王蛇等，其中以眼镜王蛇、眼镜蛇、三索锦蛇占绝大部分。

我国利用蛇类药材已有悠久历史，早在公元前约2世纪的东汉年间出版的《神农本草经》就已有蛇蜕入药的记载，

明代李时珍《本草纲目》中记载了蛇类药物17种。百色地区的许多蛇类的蛇蜕、蛇胆均可入药，其中药用价值较高者有乌梢蛇、赤链蛇、虎斑颈槽蛇、王锦蛇等。如乌梢蛇剥皮并除内脏的全体，具有祛风、通络、止痉作用，可用于风湿顽痹，麻木拘挛等症；此外一些蛇类加工成蛇酒、蛇干、蛇粉都是我国传统的中药材，有较高的药用价值。

百色的多种毒蛇的蛇毒均具有特殊的药用价值，已有人利用蛇毒给人治疗各种疑难杂症的技术，百色取毒蛇类主要是眼镜王蛇、眼镜蛇、金环蛇和银环蛇。

跟其他生肖比起来，蛇在大众心目中不讨好、不可爱，

多数喀斯特山区生存资源短缺，干旱、石漠化等现象严重，人类生活很不容易。但是，这些地方，却是蛇的天堂。南方的喀斯特山区生活着各种蛇类。对于这些冷血动物，您不能粗心大意，在草丛中，树枝上，经常可见眼镜蛇、竹叶青等毒蛇的身影。当然，也不必太担心，因为这些毒蛇一般不主动攻击人。

甚至有些阴毒。那么，地处岭南地区、少数民族聚居的广西，情况会不会有所不同呢？

从广西少数民族的民间传说上看，蛇这种动物绝不是邪恶阴毒的，相反，由于拟人化的描述，还增添了一些可爱。在大明山一带流传"断尾蛇拜山"的传说，就是一出"蛇的报恩记"。

传说在很久以前，在大明山下的一个村子里，有一名贫穷的"娅迈"（壮语寡妇的意思）救了一条身上发光长得很奇怪的小蛇并把它养在家里，像对待自己的亲生儿子一样护理它。而这条蛇也懂得报恩，不时会给"娅迈"送来鲜鱼和鲜果。"娅迈"病死后，但见狂风大作，把"娅迈"抬到大明山安葬了，之后每年农历三月三前后，这条蛇就会上大明山为其扫墓。

广西桂北侗族也有"蛇崇拜"。每年元宵节期间，侗族都要以隆重的蛇舞来纪念"蛇祖萨堂"。跳蛇舞时，民众身穿织有蛇头、蛇尾、鳞身的蛇形服饰，在侗寨神坛前的石板上围成圆圈，模仿蛇匍匐而行的步态。

广西蛇类资源无论品种还是养殖的数量，都堪称全国之最。目前，广西已发现106种蛇。

白唇竹叶青、灰蓝扁尾海蛇、尖吻蝮、金环蛇、眼镜王蛇、原矛头蝮、圆斑蝰、舟山眼镜蛇、银环蛇、白眉蝮蛇号称是中国的十大毒蛇，而在这十大毒蛇之中，广西就占了9个。除了蝮蛇类的毒蛇广西没有记载，其余九大毒蛇广西均有记载，毒蛇种类应该是全国最多的。

不仅毒蛇多，蛇的品种数量也堪称全国之最。据统计，全国蛇类有209种，而广西就有106种，占了一半，其中毒蛇就占了四分之一。

最毒的蛇是眼镜王蛇和银环蛇，在广西都有分布。眼镜王蛇毒性不是最强，但是它的毒液量最大，致死亡率高，一般人被咬后，致命者可达到95%~98%。银环蛇毒性最强，但它的毒液较少，与眼镜王蛇不相上下。

此外，世界最大蛇、最小蛇广西都有。世界上最大的蛇是蟒蛇，这很多人都知道，但最小的蛇几乎没人见过。最小的蛇是盲蛇，成年蛇长得像蚯蚓，体重只有几克。盲蛇主要生活在地下，它主要吃小昆虫，由于眼睛很小，有一点感光器官，几乎看不见，所以叫它盲蛇。

曾有专家对广西喀斯特地区的蟒蛇和盲蛇的分布进行过调查：蟒蛇，在广西又称为金钱豹蛤蛇、南蛇、琴蛇、金花蟒等，主要分布在崇左、百色、柳州、河池等地；而盲蛇，在广西，人们又叫它地鳝、铁线蛇、铁丝蛇，在南宁、龙州、宜州、玉林、梧州都有分布。不过，由于环境的破坏和人为因素，现在蟒蛇数量急剧下降，人们已很少能看到蟒蛇在山上活动的身影了。

脆蛇蜥，这是中国西南喀斯特山区的一种动物。看起来像蛇，其实不是，名叫脆蛇蜥。它是四肢退化的蜥蜴，遇到危险时，能断尾逃生，且有尾部再生能力。生活于竹林和草丛中，多穴居，冬季多筑巢冬眠。以蜗牛、蚯蚓等为食。脆蛇蜥属于国家濒危保护物种。

7. 生物的多样性

　　喀斯特景观下生存着多种多样的野生动植物，生物的多样性也为这片区域增添了几分生气。一些喀斯特微地貌的形成甚至与这些生物的活动也有着些许的关系。现在就让我们一起来欣赏一下喀斯特环境下部分生物的美图集锦吧！

猫头鹰

山鹰

山獭

豹猫

树蛙，体态多细长而扁，发达的后肢能使其轻松地滑翔于树丛中。树蛙喜欢到处攀爬，在潮湿的阔叶林区及其边缘地带会常常看到它的踪影。树蛙的繁殖习性反映了它树栖的生活方式。

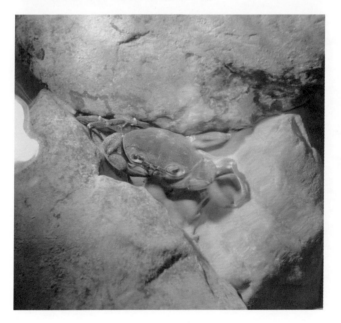

乐业天坑东峰山体内有中洞和蚂蜂洞，后者沉积有新近纪地层剖面。西峰绝壁下隐伏着已探测5千米的大石围地下河，地下河中有幽灵蜘蛛和中华溪蟹等生物物种。图为溪蟹。

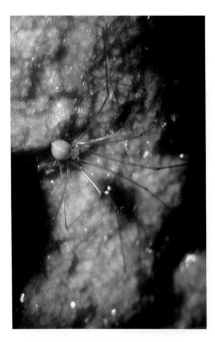

喀斯特景观下的生物，像傲立于枯干上的山鹰、穿梭于树干间的山獭等，都是这片区域里的主人。而在喀斯特的地下河里，由于暗无天日，生活着一些弱小的生物，例如透明的盲鱼，另外，还有一些小生物，也是地下河洞穴的成员，比如青蛙、蜘蛛等。

喀斯特山区独特的地形地貌，形成了一种独特的生态系统，具有生物多样性。在木论国家级自然保护区发现的9种多足纲种类中，就有五六种是适应洞穴生活的种类。在雅长兰科植物自然保护区，曾发现过适应洞穴生活的新物种——盲鱼和盲虾。此外，还采集到蛛形纲一个奇特的个体。

在喀斯特山区，物种的多样性吸引着世界各地的研究者前来，这也是它的魅力所在。多足纲、蛛形纲等种类的发现，吸引着你在这里寻找神秘的乐趣，探索未知的生命。

南方秘境——中国喀斯特地理全书

图中的植物上，有一只竹节虫，你不仔细看，根本不知道它的存在。

喀斯特地区，有一种竹节虫，具有高超隐身术。它多在夜间活动，白天，它只是静静地呆着。由于它们善于伪装，一般不会被敌人发现。所以，竹节虫以其高超的隐身术，被誉为伪装大师。

这是喀斯特山区的一种蝴蝶，名"猫头鹰蝶"，因其翅膀上有眼状斑纹。这是一种自我保护花纹——模仿瞪大眼睛的猫头鹰来恐吓附近的掠食者。看起来有点凶神恶煞。很明显，这是一种警戒色。

猫头鹰蝶

喀斯特公主——植物

1. 兰花：植物界进化程度最高的花

（1）喀斯特贵族——带叶兜兰

2008 年 4 月，经中国野生植物保护协会严格评审，广西乐业县获得首批"中国兰花之乡"荣誉称号。

位于广西西北部的乐业是典型的喀斯特山区，属亚热带湿润气候区，特别适合兰科植物的生长。2005 年 4 月 22 日，我国首个以兰科植物命名并以其为重点保护对象的广西雅长兰科植物自然保护区正式建立。该保护区内野生兰科植物特有种类及珍稀种类丰富，目前已发现有 44 属 130 种，部分物种的居群数量之大、密度之高、分布之广为全国乃至世界之首。如莎叶兰野生居群面积约 6000 平方米，约有 12000 个植株，大香荚兰野生居群面积 5000 平方米，约有 2000 个植株，分布范围均为目前已知全球最大。此外，这里还有全国唯一的、非常罕见的野生居群带叶兜兰，数量超过十万株，每年 5~6 月能看到万朵兰花齐开的壮丽景观。

此外，在喀斯特最丰饶美丽的黔南布依族苗族自治州、黔东南苗族侗族自治州等地，植物学专家相继发现了濒临灭绝的世界一级珍稀保护植物——兜兰种群。

广西雅长林场野生兰科植物种类繁多，资源贮量丰富，尤其是带叶兜兰、莎叶兰、大香荚兰，保存着国内乃至世界上已知的最大种群。坐拥美丽兰花宝库的雅长林场就在天坑环抱的乐业境内。由于野生兰科植物离群索居，即使是经验丰富的植物科研人员，也时常感叹寻兰不易。忽然有一天，当植物学家

深入雅长林区的深山峡谷，突然发现自己被茂密的兰花世界包围了，树干上、石壁上、岩缝里、山坡上，随处可见兰花踪影。

其中，最引人瞩目的，是在绿林深处的一片阴湿斜坡上，出现了大片的国家一级保护植物、正在盛开的带叶兜兰。带叶兜兰非常惹人喜爱，因为她有个小小的兜，像小口袋，也像一只精美的家居拖鞋，整个造型，像张开双臂舞蹈的美女。她奇特的兜状唇瓣、富于变幻的绚丽色彩，令人击节赞叹。正值花季，怒放的带叶兜兰从瀑布般的绿叶中探出头来，花姿绰约。

目前，雅长保护区内已知兰科植物有 44 属 136 种，以地生兰和附生兰为主，有的种类竟然多到等同于杂草的程度。

带叶兜兰，喀斯特的美娇娘，它以与众不同的卓然风姿傲然绽放在喀斯特山区。有诗赞曰：兜兰丰容碧玉肌，钗头懒戴鞋拖地，轻风渥露客妖媚，靓饰柔姿锦罗衣。

更可贵的是，这片野生的兰花，未受任何污染与破坏，可谓是兰科植物的一片净土。

这片带叶兜兰的发现，还有一段趣闻。2004年，世界自然保护联盟在中国贵州举行了一个有关兰花保护的培训班，其中邀请了两位来自广西雅长林场一线的职工参加。萧丽萍在培训中教学员们认识什么是兰花，中国珍贵的兰花有哪些。就在课堂上，雅长林场的一位学员激动地站起来说："这就是兰花啊，我们那里多得很哪！"

萧丽萍将信将疑，为了不错过保护珍稀兰花的机会，她请中国科学院广西植物研究所的合作伙伴刘演研究员先到雅长实地考察，没想到，果真在乐业发现了寂然生长多年的大片兰花。

2005年5月，萧丽萍第一次来到雅长，冒雨进山考察。当上千朵盛开的带叶兜兰映入眼帘的时候，这位阅兰无数的植物专家惊呆了。萧丽萍断定，这是目前全球已知的最大连片带叶兜兰。加上最新的发现统计，雅长的带叶兜兰超过10万丛。

这一发现，惊动了全国。国内外的植物专家纷至沓来。在这里，中科院的植物专家发现了隐居百年的贵州地宝兰。这种兰花有着玫瑰色的娇艳花瓣，花朵饱满个大，在同属植物中独一无二，观赏价值极高。此外，专家还在雅长发现了目前已知的最大连片分布的珍稀兰花莎叶兰、大香荚兰。

贵州荔波的茂兰喀斯特森林自然保护区，是目前世界上罕见的中亚热带喀斯特原生性较强的森林。有"黔南第一山"之称的都匀斗篷山有数万亩连绵、茂密的天然阔叶林，为剑江、清水江源头。两地由于地理位置特殊、气候适宜及受喀斯特地质地貌的影响，形成了丰富多样的小环境，植物资源十分丰富。

在茂兰、斗篷山等自然保护区内，发现了被誉为植物界"大熊猫"的——兜兰种群，包括 50 多个品种，较为珍贵的有春剑、开唇兰、带叶兜兰、鹤顶兰、硬叶兜兰、寒兰、线叶春兰、美花石斛兰、绒线斑叶兰和纯色万代兰等。

带叶兜兰，又名茸毛拖鞋兰，是一种兰科兜兰属的陆生或半附生兰属的草本花卉。它生长于海拔 700~1500 米的常绿阔叶林下、林缘石缝中或多石处。即便是没有半点植物学知识的人，看到兜兰花，也会被它的奇特和美丽所吸引。跟蝴蝶兰属的小家族形式类似，全世界的兜兰也只有 70 种左右。不过，这些家伙个个都有独特的相貌，它们的共同的特征：一个小兜子一样的特化的花瓣（唇瓣），既是引诱昆虫的招牌，又是强迫它们传粉的陷阱。兰科植物的智慧在兜兰身上表现得淋漓尽致。

白花兜兰生长在人迹稀少的保护区核心区内，附生于岩壁之上。它的 3 片花瓣纯白，一片花唇瓣膨大成兜状，形似女式拖鞋，又叫拖鞋兰，花形大而色泽艳丽，花期较长，观赏性名列兰花之前茅。

在中国南方的喀斯特山区，这些美丽的小"公主"找到了自己的家园。

长瓣兜兰为我国特有品种，由我国植物学家唐进和汪发瓒于 1940 年首次发现。主要生长在广西西南部及贵州的喀斯特山区。其姿态美观，花形优雅，为观赏花卉之上品，也是中国仅有的几种多花性兜兰之一，属国家一级保护植物。

小叶兜兰，生长在中国南方喀斯特山区，海拔 800~1500 米。常见于荫蔽多石之地或岩隙中。

［卷二］喀斯特景观下的生物

（2）附生兰

在中国南方的喀斯特山区，人们常常会被攀附于巨树高枝、悬崖陡壁之上的"悬空植物"所吸引，它们顽强地利用特殊的生态条件生息繁衍，从而成为当地生物中不可或缺的一员，这就是附生植物。所谓附生，是指仅仅依附于他物而生，并不从中吸取养分。这与靠寄主提供养分的寄生植物有很大的不同。在南方的喀斯特山区，最常见的附生植物有地衣、苔藓、羊齿和被子植物中的一些种类，其中兰科植物占相当大的比例。

兰科是被子植物中分布很广的大科，种类非常丰富，估计有 25000 种之多，而其中超过半数是附生种类，即所谓的附生兰。热带地区绝大多数是附生兰。有的生长在树干上，但不从树木身上吸收养分；有一些种类附生在不毛的岩石上或悬崖上。这些附生兰花靠其粗壮的根系附着在树干和岩石的表面，根系的大部分或全部裸露在空气中。

附生兰由于脱离了地面和土壤，得不到常规的水分和养分供应，植物体产生了很大的变化。它一般有发达的气生根，这种气生根一方面起着支撑自身的作用，另一方面，起攀附作用，即固着根的作用，更重要的是，可以积藏少量的腐殖质和水分。

有些种类兰（如带叶兰）的气生根甚至变为绿色，呈扁平状，能够进行光合作用。附生兰长期在干旱少雨的喀斯特山区生长，形成了一种天然的抗旱结构。这使得它能攀高居险，脱离土壤，经久不死。

附生兰那青翠秀丽的枝叶、形状各异的假鳞茎以及五彩缤纷的花朵，十分惹人喜爱。热带兰与我国民间长期栽种的所谓中国兰，如春兰、蕙兰、建兰等有明显的不同。我们常听到热带兰有色而无香，中国兰有香而无色的说法。实际上

色与香都是兰花引诱昆虫传粉的手段。有色者常无香，有香者常无色，两者兼而有之者很少见。

　　热带附生兰中并非没有色淡而清香的类型，多数人只关注那些花朵大、造型美丽的种类。

　　附生兰与昆虫关系十分密切，在植物界中可以说是首屈一指的，传粉的媒介遍及蜂、蝇、蝶、蛾、甲虫、蜂鸟等。传粉的方式也往往十分奇特。有的附生兰的花期可达数月，这可能就是与媒介特殊而稀少有关，但也有花期很短的，如流苏金石斛，

附生兰不长在泥土里，而是长在树上，它们的根贴着树皮生长，能够吸取空气中的水分和树表积留的水分。因为附生兰都是在湿热荫蔽的山里林里生长，所以，它生长的地方必定会有大量苔藓生长，这些苔藓往往会长在附生兰的根茎上，为附生兰保持水分。

足茎毛兰，也叫五彩兰，生活在南方喀斯特山区，海拔 1100~2100 米。生于溪谷旁、林下或灌丛中的树上或岩石上。其植株无毛，高度约 20~30 厘米，叶片厚实，花色艳丽，被誉为毛兰中的美女。是国家二级保护植物。

有如昙花一现，半天即谢。此外附生兰的花序还常常通过外弯或下垂，使花朵处于醒目的位置，以引诱昆虫。这是地生兰中所没有或少有的。

附生兰的种类和个体的多少，常与森林的类型、树种等有密切的关系。一些受人为破坏较少的老龄阔叶树林，常有较多的附生兰生长。有些树木常长满附生兰，而有的树木则少见或几乎不见附生兰。这主要是与树木自身的环境因素有关。如树皮的粗糙度、开裂情况、吸水能力等，都有关系。

附生兰大都喜生长于潮湿但排水良好、荫蔽但有散射阳光的地方。林中、林缘、溪谷两旁岩壁都有它们的踪迹。

根据生长环境的不同，可以进一步划分为阴性附生兰与阳性附生兰，树生附生兰与石生附生兰等，但这些并没有严格的界限，有些种类对环境的要求较苛刻，但也有一些种类的适应性就较强。

我国幅员辽阔，植物十分丰富，大约 1000 种的兰科植物中，附生兰几乎占一半，它们主要产自南部喀斯特山区。

喀斯特森林地貌给附生兰花适宜

的生长环境，像硬叶兜兰、小叶兜兰等，在茂兰都可以看到。在中国，所有兜兰属兰花的野生种类都被列为国家一级保护植物，绝对禁止随意采挖和自由买卖。在荔波，为了保护数量非常稀少的白花兜兰，保护区核心区不仅不向公众开放旅游，知道那个地点的也只限几个人。

在茂兰自然保护区，无论你是低头看地，还是抬头望天，在这片林子里你都能看到兰花，甚至能看到没有绿叶的兰花，她们靠分解木头里的营养来开花结果。在盛产附生兰的云南南部，一些少数民族也有栽培和欣赏兰花的传统。

地宝兰，地生草本植物，生于林下、溪旁、草坡，海拔1500米以下。总状花序有时呈俯垂状、头状或球形。广西、贵州喀斯特山区都有生长。

大石围天坑是一个植物王国，这里有一套自成体系的生态系统。天坑底层植物终年生活在水雾弥漫、相对无风的环境中，相对湿度常保持在70%以上，特别适宜各类灌木和草本植物生长。大石围天坑四周绝壁上，常常可以看到美丽清雅的兰花。

2. 榕果：榕树上的无花果

榕树，是南方喀斯特山区的一种常见的植物。但在北方人眼里，榕树又是极其夸张而令人惊叹的奇特树种，比如，独木成林、树包石、老茎挂果等等，无不感叹大自然的鬼斧神工。更为奇怪的是，几乎没有人看到过榕树开花，却看见果实累累，所以，有人就把榕树称为"无花果"树。

在岭南的热带、亚热带地区，榕树是最常见的一种植物，其种类繁多，以西双版纳傣族自治州为例，已经发现的土著榕树有 50 多种，其他外来榕树 40 多种，占全国榕树总数的90％。

在我国广东新会县环城乡的天马河边，也有一株古榕树，树冠覆盖面积约 1 公顷，可让数百人在树下乘凉。我国台湾、福建、广东和浙江的南部都有榕树生长，田间、路旁大小榕树都成了一座座天然的凉亭，是农民和过路人休息、乘凉和躲避风雨的好场所。

在喀斯特生态系统中，人们可以看到山头上顶天立地的高山榕、菩提树、九丁榕等；在密林中可见笔直的青果榕、森林榕、环纹榕、茎直榕等；在路边可见硕果垂地的鸡嗉果榕、老茎挂果的木瓜榕、苹果榕等；在江河和沟边可见硕果累累的聚果榕、垂叶榕、大叶水榕等；在城镇和村寨中可见高大的菩提树、高山榕、大青树、印度榕等；在林下可见灌木状的歪叶榕、假斜叶榕、粗叶榕、藤榕等；还有与苔藓和杂草争地盘、生长在地表面的地石榴、爬藤榕等，就是在其他许多树种身上也可见到绞杀、腐生、附生、寄生的斜叶榕、薜荔榕、钝叶榕等，在裸石山上常见黄葛树、豆果榕、东南榕、森林榕等，在热带森林生态系统中，榕树占据了高中小乔木层、灌木、灌丛、木质藤本、腐生、附生、寄生植物等多层次的

空间，所以榕树是热带地区生态系统中和人类生活中不可缺少的植物。

　　榕树的果实是高等植物中生长最奇特的。榕果叶腋生或生于老茎及无叶的小枝上，挂果时常是数十至数百个成团在一起。事实上，榕树的果实是一类隐头花果，花就生长在小榕果内腔里。榕树是一类雌雄花异熟植物，雌花一般在榕果生长5~10天内就开放，而雄花则在榕果成熟期（榕果生长25~47天后），才有成熟花粉，所以，即使同果内雌雄两种花共生，也不能相互传粉。

在南方喀斯特山区，植物种类丰富。很多树木的果实都是一团团地挂在枝干上，丰硕饱满，令人惊叹。

由于是密封的隐头花序，外界的风雨无法把榕果成熟株的雄花吹进或流进雌花的花腔，必须依靠榕小蜂对它进行传花受粉。由于长期协同进化的结果，一种榕树仅允许一种榕小蜂进果内传粉；一种榕小蜂也仅进一种榕树内传粉和产卵繁殖。榕小蜂进入榕果必须依靠隐头花果内的短柱头雌花作为唯一的繁殖和栖息之所，幼虫在其内取食，种群才得以发展；榕果也必须依靠榕小蜂给长柱头雌花传粉才能获得有性繁殖，而得以正常地繁衍后代。所以，榕果和榕小蜂之间已经形成了互惠共生、缺一不可、一对一的密切伙伴关系，其中一个物种的减少或灭绝，也就意味着另一个物种的减少或灭绝。

鼯鼠，一种岩栖动物。在喀斯特地貌发育良好的地方，洞栖和岩栖种类动物所占比例较大，鼯鼠是其中一类。

南方秘境——中国喀斯特地理全书

212

榕树之所以能在条件严酷的喀斯特山区生长，主要是榕树顽强的生命和不屈的性格，哪怕在寸草不生的岩石、裸石、陡壁上也可生长成林。

在西双版纳勐仑地区的喀斯特山上，生长着无数高大的黄葛树、茎直榕，它们的树根盘根错节地长在石头表面上，像一幅幅四通八达的交通图；树上挂满了金黄色榕果，成千上万的鸟儿在枝头飞来飞去，啄食榕果，鸣叫声响遍整个林子。更令人惊叹的奇观是，一株生长在巨石顶上的黄葛树（俗称大叶榕树），其上千枝根系像一条大瀑布，一层层地垂下，把根扎入石缝之中，最后把整个巨石包围住。

榕树树干粗壮，树冠开阔，叶大而茂密，但是分杈很多，因此不像一般的大叶榕一样修长挺拔。在树的主干和粗壮的干枝上长满密密麻麻的果子。果实大小形状与青皮无花果相似，肉质硬而空心。果实数量众多，一串串地挂满树干或围住树身，果子有大人的手指一样大，没成熟的是青绿色的，成熟的是红色，与聚果榕结出的果子相似，但长果榕结出的果子外壳比聚果榕的果子要坚硬十几倍。

榕树无花果，百姓们称之为"老茎生花"。它们密集在树干上，丰硕饱满。人们以为它是一种可食的鲜果，其实它是包被在果皮里的花。如果你掰开果实，会见到它的花蕊和花蜜，散发出一种异香和甜蜜。榕树无花果深得鸟雀的喜爱，每到果实成熟，便会有数以千计的鸟雀盘旋在树梢上争食果实，场面非常壮观。

据资料记载，榕树是桑科榕属植物的总称，全世界已知有800多种，主要分布在热带地区，尤以热带雨林最为集中。能长出果子的榕树主要有木瓜榕、苹果榕、厚皮榕、高榕、聚果榕、突脉榕、黄葛榕等，其中也包括长果榕。

榕树的果实成熟后不能食用，但可入药。

【卷三】 喀斯特景观下的人类

2011年8月下旬，我和摄影师行走在南方喀斯特山区。在行过石林县的一个小山村时，听到一个美丽的名字：阿着底。

每到一个喀斯特村寨，村民无一例外地告诉我，他们的村寨就是『阿着底』。更有趣的是，每个撒尼村寨的姑娘都自称是阿诗玛，她们脸蛋上漾着高原红，唱歌起舞。她们很快乐。

『阿着底』是撒尼语言，意译成汉语，就是梦幻般的『水石天堂』。通俗地说，阿着底是撒尼人心目中的『香格里拉』，是他们祖祖辈辈寻找的世外桃源。

喀斯特是阿诗玛寻找的水石天堂。在她眼里，喀斯特的石头朝着天空生长，如同绽放自己的莲花。

世界喀斯特之父——徐霞客

世界喀斯特之父——徐霞客（1587~1641年）明代杰出的地理学家、旅行家、探险家，江苏江阴人。

　　徐霞客（1587~1641年），中国明末伟大的地理学家，名弘祖，字振之，别号霞客，南直隶江阴（今江苏江阴）人。其所处年代，探索自然、重视考察风气兴起，徐霞客顺应时代潮流，毕生从事旅行与探险，开拓了中国古代地理学走上实地考察、研究自然规律的新方向，是中国和世界广泛考察喀斯特地貌的卓越先驱。

　　徐霞客出身于书香门第，自幼"特好奇书"，21岁开始出游，足迹遍及现在的江苏、浙江、安徽、山东、河北、山西、陕西、河南、湖北、福建、广东、江西、湖南、广西、贵州、云南等16个省区。他的出游可以崇祯九年（1636年）为界，分为前后两期。前期北登恒山，南及闽粤，东涉普陀，西攀太华之巅，偏重搜奇访胜，写下了天台山、雁荡山、黄山、庐山、嵩山、华山、五台山、恒山等名山游记17篇；后期的西南地区之行，则在探寻山川源流、风土文物的同时，重点考察与记述了喀斯特地貌的分布及其发育规律，写有《浙游日记》《江右游日记》《楚游日记》《粤西游日记》《黔游日记》《滇游日记》等大量的地理学著作。

　　特别是徐霞客最后一次"万里遐征"，对中国西南岩溶地区的考察（1636～1640年），所记资料占全部游记的4/5，是游记中的精华部分。这是徐霞客在中国古代地理学史上超越前人的贡献，特别是关于喀斯特地貌的详细记述和探索，居于当时世界的先进水平。

　　徐霞客对喀斯特地貌的类型、分布和各地区间的差异，尤其是喀斯特洞穴的特征、类型及成因，有详细的考察和科学的记述。在广西、贵州、云南，他亲自探查过的洞穴有270多个，且都有方向、高度、宽度和深度的具体记载。并初步论述其成因，指出一些岩洞是水的机械侵蚀造成，钟乳石是含钙质的水滴蒸发后逐渐凝聚而成。

我们来看看他是怎样描写桂林山水的。在阳朔，"佛力司之南，山益开拓，内虽尚余石峰离立，而外俱绵山亘岭，碧簪玉笋之森罗，北自桂林，南尽于此。闻平乐以下，四顾皆土山，而蠛厉之石，不挺于陆，而藏于水矣。盖山至此而顽，水至此而险也。"

桂林、阳朔处于槽谷峰林区，由于漓江切入石灰岩山地形成了奇伟的峰林景观；漓江两岸还有200米高的断崖，雄伟的景色有如长江三峡，而崖壁下部由于受到漓江的向侧侵蚀，石灰岩形成峭壁，且多成额状突出于河面，崖壁上常常有因受侵蚀而分离开来的石柱与石针，奇形怪状，危立江边。石峰四面陡立，满是洞穴和岩洞，雨水把石峰风化物质大部分泻流到洞穴内部，致使岩石全部裸露。这就是徐霞客所说的"四顾皆石峰，无一土山相杂，石峰林立""碧簪玉笋之森罗"。

徐霞客分析桂林何以成桂林，是因为这里是石灰岩很纯的地区，桂林的山是因为水造成的。喀斯特地形的形成是石灰岩地区地下水长期溶蚀的结果。

在徐霞客的著作中，称喀斯特地形为"石山""石峰"等；非喀斯特地形称之为"土山"。石山、土山主要是由岩石性质决定的。构成石山的岩石主要是可溶性的碳酸盐岩层，即石灰岩和白云岩。土山岩石主要由难溶的砂岩、页岩构成，还有各种火成岩、变质岩等。除了"难溶"的属性外，土山岩石易风化、产生的土壤较多，岩石的露头较差，其山、丘、岭等地貌多成浑圆状，但主要特征是土山中没有封闭的漏陷地形，如漏斗、落水洞、封闭洼地等。如对广西宜州市附近

南方秘境——中国喀斯特地理全书

地貌的描述："于是石山遥列、或断或续、中俱土山盘错失"。

喀斯特地貌在我国分布十分广泛，超过 130 万平方千米，其中又以西南地区为最重要分布区，面积达 55 万平方千米。这是现代调查的结果，而徐霞客经过广泛考察后，指出："西南始于此（此指云南罗平），东北尽于道州（今湖南道县），磅礴数千里。"这基本与现代调查结果相符。

徐霞客不仅考察了喀斯特地貌的分布范围，而且还对各地的喀斯特地貌进行了比较研究。如他曾这样描绘桂、滇、黔等地喀斯特地貌的差异："粤西之山，有纯石者，有间石者，各自分行独挺，不相混杂。滇南之山，皆土峰缭绕，间有缀石，亦十不一二，故环洼为多。黔南之山，则介于二者之间，独以逼耸见奇。滇山唯多土，故多雍流成海，而流多浑浊……粤山

徐霞客在广西探险，前后将近一年时间，他被广西奇特的地理环境所吸引，流连忘返。如今，徐霞客当年探寻过山川、溶洞，不断被开发出来，供人们参观。

惟石，故多穿穴之流，而水悉澄清。而黔流亦介于二者之间"。

这些论述说明徐霞客对西南岩溶地貌发育的区域特征有比较清楚的认识，以现在的观察结果看，徐霞客观察和分析的结果是正确的。

对于喀斯特地貌类型的考察，在《徐霞客游记》中几乎囊括了现今喀斯特地貌的各种类型。具体如下。

【石芽、溶沟】

是在地表水沿石灰岩坡面上流动，不断进行溶蚀和冲蚀而形成的。凹槽为溶沟，突出部分为石芽。书中称"石萼""花萼""石纹""石齿""石骨"。书中对此描写很多：如湖南茶陵云阳山一带"岭忽乱石森列，片片若攒刀交戟"；湖南永州南面的陈皮铺"石片层层，尽若鸡距龙爪下蹲于地，又如丝瓜之囊，盘缕外络而中系透空"。此皆典型的石芽溶沟地貌。

【漏斗】

是分布在石灰岩地表的一种蝶形、漏斗形的洼地。其直

漏斗。徐霞客在自己的游记中，称之为"釜底穴"，意思是像锅底一样。

南方秘境——中国喀斯特地理全书

径为数米至数百米不等，深度一般小于宽度。按其成因，可分为溶蚀漏斗和塌陷漏斗。书中称"釜底穴"，徐霞客记载了一个大型漏斗地貌："两山夹中，又回环而成一洼，大且百丈，深数十丈，螺旋而下，而中竟无水。"

【峰丛】

是指群峰丛聚而又基座联系在一起，群峰之间广泛分布着落水洞、漏斗、洼地、干谷等"漏陷"地形，地表无潴水体，地下水位深埋，有地下河系统，故有"地面水贵如油，地下水滚滚流"之水文特征，或有"天坑"出现。这些属性就是峰丛地貌的典型特征。书中描写"乱峰叠出，十百为群，横见侧出，不可指屈"，是对峰丛的精辟描述；"其间多坠堑成阱（即陷坑），小者为眢井（即枯井），大者为盘洼（凹陷地形），皆丛木其中，密不可窥"，是对喀斯特漏陷地形的描述。

【落水洞】

是喀斯特地区地表水流入地下河或地下溶洞的通道，其

落水洞。徐霞客在游记中，有多处记载。

开口在地表。落水洞的形状有垂直的、倾斜的和弯曲的，深度比宽度大得多。落水洞的形态主要有两种：一种是裂隙状落水洞，形态狭长，它沿岩石原来的裂隙向地下延伸，呈倾斜状、弯曲状。另一种是井状落水洞，它的深度和宽度都较大，呈垂直状，在洞口可以直接见到地下河水面。书中记载有各种不同类型的落水洞，如湖南茶陵东岭，"岭头多漩涡成潭，如釜之仰，釜底俱有穴直下为井，或深或浅，或不见其底，是为九十九井"。这是井状落水洞。徐霞客还进一步指出了这种落水洞形成的原因，"始知是山下皆石骨玲珑，上透一窍，辄水捣成井"。在广西崇左县青莲山，"有深窨悬平畴中，下陷如阱，上开线峡，南北横裂，中跨一石如桥，界而为两，其南有磴，可循而下"，这是裂隙状落水洞。

【峰林】

书中称"石山""石峰"，多处提到了峰林，或叫石林，这是指成群出现的石灰岩山峰，远望如林。峰林是由峰丛进一步演化而成的。峰丛之间的漏斗、洼地被进一步溶蚀而向深处发展，直到水平流动带，这时峰丛基座被切割，互相分离形成峰林。

【干谷和盲谷】

干谷是指喀斯特地区地表干涸的河谷。在地表河流的某一段河道，河水沿着谷底发育的漏斗、落水洞等全部流入地下，使河谷干涸，则形成干谷。《游记》中所记载的"山盘大壑而无水，沟涧之形，似亦望东南去"，即是描写了云南鹤庆县境内一处典型的干谷。盲谷是一种死胡同式的地表河谷，其前方常被陡崖所困，河水从崖脚的落水洞潜入地下，变为地下河。地表河转入地下的暗流段，又称伏流。对这种地貌现象，《游记》中亦有颇多记载，如云南保山的大小落水坑即是典型例子。它"西下绝壑，视西来腾跃之水，一里抵壑之悬绝处，则水忽透石穴下坠，此所谓'小落水坑'也"；又见"一溪西南自落水寨后，破石门东出，盘曲北来，至此岭东麓，即捣入峡。水从南入峡，悬溜数丈，汇为潭。东崖忽进而为门，高十余丈，阔仅数尺，西向崎潭上，水从潭中东捣而入之，其势甚沸。余从西崖对瞰，其入若饮之入喉，汩汩而进"。此即大落水坑。

【天生桥】

徐霞客还记述了很多处天生桥。他解释天生桥的成因说："天生桥非桥也，即大落水洞透穴潜行，而路乃逾山涉之。"他在书中曾记载江西贵溪县附近，"溪南一桥门架空，以为城门与卷梁皆无此高跨之理，执途人而问之，知为仙人桥，乃石架两山间，非砖砌所成也"，这即是典型的天生桥喀斯特地貌。

此外，徐霞客在书中，还描写了其他一些类型的喀斯特

天生桥。徐霞客在游记中，多处记述了天生桥，并就成因进行了解释。

[卷三] 喀斯特景观下的人类

地貌。例如竖井称"深井";溶蚀洼地称"盘洼""峒";岩溶槽谷称"坞";岩溶盆地称"盘壑""甸""坞";干谷称"枯涧";岩溶嶂谷称"峡";岩溶天窗称"石隙""石窍""石窦";岩溶湖称"池""塘""潭""海子";孤峰称"独山""独秀";溶帽山称"土山顶上的石峰"等。

徐霞客在 3 年的西南喀斯特考察中,对于喀斯特洞穴的观察记述全面而丰富。据有关学者统计,《游记》中记载的石灰岩溶洞有 288 个,他亲自入洞考察的就有 250 个。他对洞穴的形状、大小、深浅和洞的朝向都有详略不同的记载。对各种洞穴钟乳石沉积物有石乳、石管、石柱、荔枝、石藤、石丸、石肺、石龙、石伞、石枝等 20 多种形象命名。

1637 年徐霞客对桂林隐山进行了探察,发现了隐山"六洞同流"现象。有力地证明了峰林喀斯特地表水和地下水互通的特点,为现代地理学解释峰林峰丛形成规律理论提供了

南方秘境——中国喀斯特地理全书

有力支持，成为世界峰林峰丛学说第一人。

　　书中提到了不少的地下河。地下河是石灰岩地区沿裂隙溶蚀而成的地下水汇集和排泄的通道，又称暗河或伏流。徐霞客在广西勾漏山，曾于勾漏山庵后峰东南角处发现"有清流一方，淙淙自乱石中流出，其上则青草蒙茸，其下则西南成小溪去，行道者俱从此渡崖，庵与营俱从此汲取，而无问其所从来者"。为探寻水之源头，徐霞客不顾危险，"攀棘践刺上跻，觅之深蔓中"，最后终于发现泉水来自一条由南向北的地下河。

　　徐霞客是我国也是世界上最早对石灰岩地貌进行系统考察的地理学家。欧洲人中，最早对石灰岩地貌进行广泛考察和描述的是爱士培尔，时间是 1774 年；最早对石灰岩地貌进行系统分类的是罗曼，时间是公元 1858 年，都比徐霞客晚了一二百年以上。

金盆天生桥，这是一处罕见的喀斯特自然奇观，位于六盘水市最北端。这是世界最高的可通公路的天生桥，也是世界上桥拱高度最大的天生桥。桥高 136 米，跨度 60 米，桥宽 35 米，桥拱拱顶厚 15 米。站在桥底仰视，两边陡峭的石壁凌空出世、高耸云天。

行走在喀斯特山区
——喀斯特对人类生活的影响

【八朵鲜花和牛】

2010 年 7 月底的一天午后，烈日当空，我正行走在毕节鸭池镇石桥村和龙滩村交界的连绵山谷中。这里是典型的喀斯特山区。我和中国南方喀斯特研究院的几位老师从鸭池村分成 3 拨儿，各自行走。我走过王家湾村、石格村、大苗寨、烂泥沟村。尽管午后的山野那么寂静，可走过之处，白花花的影子晃动在一层层阳光之下，刺人眼目，并产生出炽烈波浪，烤得人心焦。四周白色的山石如影随形，压迫得我呼吸紧张，我想匆匆离开。

一群花花绿绿的女孩子隐现在石隙间。我以为产生错觉。静望良久，才看清那帮女孩正在石头间捉迷藏。农村孩子玩游戏，一般都是依赖于乡村草垛捉迷藏。但是这里没有草垛，只有光秃秃的石头。她们的花衣裳在那片石头间很醒目，让人眼花缭乱。我看到女孩们个个长得活泼可爱，很漂亮，最奇怪的是，她们可以在石头中间打闹嬉戏而不怕猛烈的阳光。

见到陌生人到来，孩子们一溜烟躲藏在石头后面。我也加入她们的游戏队伍。进入那些石头中间如同进入迷魂阵，怎么也找不见她们。只听到她们开心的笑声不时出现在前后左右。后来，一个也找不见。

我在那些白花花的石头中间行走。山坡上有一间养牛场。这是一处荒僻的地方，四周并无人家。我很奇怪，刚才那些孩子是从哪里来的。

牛场主人叫徐忠军。他正和爱人一起铡玉米秸，这是牛饲料。我问徐忠军，刚才在山里看到一群女孩，附近又不见什么人家，她们从何而来？

徐忠军不好意思笑了笑，他说，那些女孩，都是他的闺女。一共生了8个女儿。

我愣了好半天，没有说出话来。夫妻俩生七八个女儿，我见过，但那是20世纪六七十年代的事。到了21世纪还有人生养这么多子女，有些匪夷所思。

徐忠军说，这个山坡属于石桥村。原来住着10来户人家，靠在石地里种一些苞谷，可以勉强维生。可是，家家户户超生。本来就单薄的石头地再也供养不起了。周围的百姓只好移徙他乡谋生。如今只剩下他们一家，在此养牛为业。

徐忠军原是石格村人。石格村人多地少，白石垒垒，人称石头村。全村的口粮，靠在石缝里种点苞谷。那些石缝隙，当地人称之为石旮旯地，土地本瘠薄，初种一二年，尚可收获，

中国西南部地区，尤其贵州的喀斯特山区，石漠化现象很严重，人地矛盾日益突出。干旱、少地，人们只得放火烧山，开垦新的土地。

［卷三］喀斯特景观下的人类

227

数年之后，再种籽粒，则难以发芽。如遇骤雨瀑流，冲去石窝间仅有的浮土，则石骨显露，如恶魔初醒。

很多年前，徐忠军在石格村呆不下去，前往云南打工，给人家养牛，渐渐掌握了养牛技术，就回来单干。又怕超生罚款，不敢回村里，就在这个石桥村的山坡上安家落户，搞养牛场。几年苦心经营，目前已经有几十头牛，在当地已是成功脱贫。他说，如果不办养牛场，这8个女娃，真不知道怎么养活。

我说，她们个个长得健康漂亮。徐忠军说，天天喝牛奶吃牛肉，都是高蛋白。

我问徐忠军，你这么多牛，饲料如何解决？徐忠军说，主要是靠收购山下的青苞谷。由于牛越养越多，饲料来源也成了头痛问题。周围都是石头，能种苞谷的地方非常稀少。没有办法，只好到远处烧荒。

烧荒，就是把石旮旯地上的草或灌木烧掉，翻土种地。当地话叫"石头里刨食"。但是，这样烧荒垦地，也有周期性，一两年尚可长些植物。时间一长，雨水冲刷，石骨就显露出来。

徐忠军指着漫山遍野的石头说，这些石旮旯地，原来都是能长苞谷的，现在寸草不生。你们都叫它石漠化，我们当地人都称之为"石魔"。

2010年7月底的贵州之行，我去了石漠化最严重的几个地方。举目所见，皆是"石魔"猖獗，那些顽石一丛丛、一堆堆窜出土壤，嶙峋而狰狞。一亩土地里，石头占一半还多。大部分农作物只剩下苞谷。石头与石头的缝隙间，土层薄而贫瘠，庄稼苗稀疏瘦弱。这种植被退化、水土流失，导致岩石大面积裸露或堆积地表，这就是石漠化。石漠化严重的地方只剩下石头，寸土不见，少无人烟。

【关于"石魔"】

对于多数人而言，石漠化这个词闻所未闻。即使来到南方石漠化比较严重的黔西南山区，你询问当地百姓何谓石漠化，很多人亦无所知。但他们会告诉你，这里的山上住着"石魔"，它的本领强大无比，大面积啃噬山上植物，它攫取大山的丰腴，汲干大地的血液，将嶙峋的石山磨亮，顶入天空，伸入地下，让石头越长越大，越长越白，到最后，山上片土不留，寸草不生，漫山遍野都是白花花的石头，石头中间遗落着一些羊头骨。那些裸露的岩石像落下的片片积雪，在烈日下反射出刺目寒光。

　　这就是石漠化。如不是亲眼所见，我真无法接受石漠化这样的事实。南方素以山清水秀、草木茂密而著称，这几乎是所有人对于南方的最初印象。可当我来到贵州山区，看到遍地裸露着白岩石，心中对于南方美好的印象瞬间被破坏。好比你正在欣赏一个美女的背影，她身材窈窕，长发飘飘。可当她转过身来，你看见她脸上、颈上、臂上长着一块块的白花斑，那一刻，你心里会有一种崩溃的感觉。

　　这个比喻有些残酷，对于南方的石漠化而言，却又十分恰当。2010 年 7 月 26 日，在中国南方喀斯特研究院陈

喀斯特地区干旱缺水。一些天坑、溶洞成为居民寻找水源的主要目标。在地下深处，有地下河，一般来说水质甘甜无污染，喀斯特山区的百姓称之为"甘泉"。

这就是典型的喀斯特山区石漠化现象。石漠化是喀斯特的一种顽症，一旦产生，要想治愈十分困难。如何在石漠化地区发展经济，成为喀斯特研究专家们研究的首要问题。

永毕老师带领下，我来到石漠化比较严重的关岭县、毕节、清镇等地。贵州是我国唯一没有平原的省份，谚云："天无三日晴，地无三尺平。"走进贵州，就走进了山之国度，八山一水一分田，大山成为贵州人赖以生存的基础。

然而这些赖以生存的大山，就像肌体的免疫力退化一样开始出现变异，"石魔"狂舞，贵州省已经成为石漠化最严重的地区，石漠化面积已达 3.31 万平方千米。石漠化加速了当地百姓的贫困，并且威胁到他们的生存，他们面临着无地可种、人畜饮水艰难、干旱、洪涝灾害加剧等重重困难。在毕节地区，我看到很多石漠化地区茫然的山民，他们坐在光秃秃的岩石上一筹莫展，如同那些石头一样缄默。他们眼前的一切，也曾是芳草漫漫，彤云满天啊。

【五里村】

五里村，位于关岭县花江镇南约 10000 米。

来五里村之前，我和陈永毕老师站在一处小山上，向五

南方秘境——中国喀斯特地理全书

里村眺望。映入眼帘的是大片石漠化景象。石头中间，还有几户人家。我决定去探访。我们的车在盘山公路上曲折下山。当我站在那片石漠化地带，已是下午两点。忘记吃午饭，谁也没有提起，或许真的忘了。当地人一天只吃两顿，我们入乡随俗。几天下来，饿了也浑然不觉。

五里村的生态环境严重恶化，是强度石漠化地区，无土可留，无林可还。陈永毕老师说，这里植被综合覆盖率仅15%，岩石裸露率高达80%。吃粮靠救济，用钱靠贷款，是五里村最真实的写照。

五里村地处关岭县高寒地区，一到冬日，全村人就闭门烤火足不出户。有首民谣说得很形象：蓬头垢面男子汉，邋遢妇女黑脸蛋；一天两顿苗面饭，肚皮烤起火斑斑。

像五里村这样遍地岩石的地方，石头也有了用处。张冬超家的房子，和其他几户村民一样，都是石头房。石漠化地区什么都缺，就是不缺石头。就地取材，极为省事方便。我走进张冬超的家里。这样的石头房，可为石漠化地区民居之代表。但我很快发现，石头房里家徒四壁。连坐的凳子也没有。我问，你有几个孩子？他说3个，一个在贵阳打工，一个在安顺读高一，一个念完初二就辍学了。我问，为什么不接着学？张冬超说实在没钱供他读书。地里不产粮，吃饭都成问题，不去打工，都得饿死。

我问，你家有几亩地？张冬超说有三四亩，都是石旮旯地。我问，那些地是政府分给你的吗？他说不是，是自己开垦的。我问怎么开垦？张冬起说，先找块旮旯地，再放把火，把地里的灌木丛草烧干净，稍翻一下土，就是块地了。村里的地，多数是这么来的。我问，有人养牛或者养羊吗？张冬超说以前很多人都养黑山羊。现在政府不让养羊，可以圈养耕牛，养了耕牛，却没得草料，有限的青苞谷，那是留给人吃的。

我问，平常煮饭用什么生火？他说大部分烧柴禾，村里也有个小煤矿，可挖出的煤谁也买不起，就一直烧柴。过去山的柴很多，又不花钱，很多人家都是烧柴。现在砍柴也不方便了，要走几十里的山路，那是别的村子，经常为了砍柴的事闹出纠纷。当然，我们理亏，到了人家的地盘砍柴，说不过去。

我问，家里的收入主要靠什么？张冬超说，没出去打工，也就没有收入。家里养了5头猪，前几天又买了5只小猪。这是全家一年的希望。

五里村目前的状况，在很久以前并不完全是这样。张冬超说，至少在20世纪80年代之前，这里还有20多户人家。那时全村有不少土地可以种苞谷。后来人多了，为了解决温饱，村民甚至不顾危险，在陡坡上烧荒。哪知陡坡被大量开垦之后，没了植被，一下雨，山上的水就往下冲。石旮旯里仅有的一点土，很快就被洗涮干净，越洗越白，那些白花花的岩石，就是这么露出来的。

岩石裸露，无地可种。只好到远处烧荒，越烧越远。有的人就干脆迁走了。

离开张冬超的家，我一直在石漠化最严重的五里村徘徊。村民坐在门框边打盹。整个五里村显出倦怠、无力、睡意昏沉、毫无生机，徒然反抗着一天比一天强烈的衰老光景。一轮烈日，燃在头上，偶见一两棵草叶打卷，岩石发烫。岩石成片裸露，石缝之间，连种植一两棵苞谷的条件也不具备。

如此高强度的石漠化让人触目惊心，满山裸露的嶙峋怪石如同一具具面目狰狞的白骨，即使满天骄阳似火，我行走其间，仍感到阴冷森然。

【三家寨】

黑：在前往关岭县板贵乡的途中，我们遇到了一种奇妙的动物，黑山羊。黑山羊是见过的，但是如此大规模的黑山羊群还是第一次见到，大约有几百只，浩浩荡荡在马路上行走。

在乡间，尤其是这些偏远的山村，任何禽畜皆有进入乡村公路的权利。黑山羊对往来车辆并不避让，它们占据整个路面，黑压压一片，远远走过来，有黑云压城的气势。走过一拨，又涌来一拨。只有牧羊的村民扬鞭一声吆喝，黑云中才闪出路来。

除了马路上行走的黑山羊，环顾四周，满山坡都有黑山羊存在。

根据三家寨村长于光品的介绍，这个三家寨村，一直有养黑山羊的传统。黑山羊是当地一宝，因全身羊毛乌黑发亮而得名。其肉质细嫩，味极鲜美，没有膻味，又兼滋阴壮阳特别功效，一直畅销，三家寨的黑山羊在市场上供不应求。

如此紧俏，极大地刺激了村民们养黑山羊的积极性。黑山羊的生长很快，投资小，见效快，效益高。养一只母羊，可年产两胎，产仔 5 只左右，一年可收入 1000~1500 元。一户家

喀斯特地区，产生石漠化的原因很多。其中，黑山羊的无序放养，是造成石漠化的原因之一。地上刚生长出小草幼苗，马上就被黑山羊啃得精光。植被不保，石头就裸露了。

庭养 10 只母羊，年收入可达万元以上，这对贫困的三家寨村民来说，是一条极其难得的脱贫致富之路。

于是，家家户户大规模养黑山羊。满眼望去，三家寨的大小山坡上，黑浪翻滚，乌云密布。令人惊奇的是，那黑山羊十分机巧灵敏，它还有一种攀崖的绝活。它居然能轻而易举地攀登陡峭的崖壁，在人类无法攀登的地方，它们却可以轻而易举地在那里觅草散步。

每年春天，黑山羊还有一个奇怪的"跑青"现象。经过一冬，青草渐渐长出地面，黑山羊很性急，总是咬两口，就迫不及待跑向前，再吃前边的青草。咬两口后，又跑到前面，再吃两口。于是，它们不停地吃吃跑跑。山坡上刚刚冒出来的嫩芽青草，还未及生长，就被铺天盖地的黑山羊践踏殆尽，啃个精光。草啃完了，就吃树芽，最后啃树皮。

白：黑云飘过，白石裸露。三家寨人养的黑山羊越来越多。因为都是野外放养，三家寨黑山羊越来越受到外地客商青睐。于村长回忆说，有一阵子，前来三家寨收购黑山羊的汽车，就停在路边争相收购。

但是，黑山羊把能吃的草都吃尽，树皮啃光，连一点嫩芽都不放过。为了生存，它们在山坡上越爬越高，路途也越走越远。原来遍地长苞谷的三家寨，渐渐白石裸露。三家寨的村民并不知道白石头增多意味着什么。他们只知道放羊越来越难，有时要到很远的地方放牧，早出晚归，有时两天三天才回来。

那时的三家寨，常常可以看到的这一幕景象，让所有的村民都不能忘记：太阳下，到处是黑黢黢的羊群，羊群所过之处，又到处都是白花花的石头。黑与白如此分明，又如此醒目刺眼。于村长说，可以肯定，三家寨这一带的生态，完全是无节制放养黑山羊破坏了。

白色的石头多了，黑山羊数量就逐渐减少。白石地里长不出庄稼，寸草不生，树芽不发，仅有的一层薄土遇到下雨天，就被雨水冲到山脚下的北盘江。放养黑山羊也就有了风险，因为无草可食。

地不长草，水又留不住。那些光秃的石头，被太阳晒得像个烤炉，吸收着四面八方的水分。不只是三家寨，整个板贵乡都被烤得滚烫，四处冒烟。当时有首民谣说这里的干旱程度：板贵土薄石头多，山路陡峭尽爬坡；水贵如油冬春苦，十里挑水脚磨破。

如此恶劣的生存环境，没有人会坐以待毙。没有土地怎么办？那就找土地。怎么找？很简单，就是搬石头。在板贵乡，有过一次轰轰烈烈的"搬石造地"运动。由中国扶贫基金会拨出 250 万元捐赠款，在关岭县实施搬石造地项目，其中就有板贵乡。

所谓搬石造地，就是通常说的"坡改梯"。在坡度 25° 以下的土石混杂坡地里，炸掉大块顽石，刨出碎石，用搬石垒坎，

喀斯特地区缺水，主要是因为地表水流入地下河。这才有了地上水窖贮存法。水窖有多种，用大型陶缸，或才用石头砌成，铺上专用薄膜，就可以贮水了。在窖的上面拉上铁丝，又形成一个生产棚架，棚架上不仅可生长植物，还可防止水分蒸发。这样的地上水窖，还可以用做较低凹处作物自动滴灌。

加深土层，培肥地力，把原来跑土、跑水、跑肥的三跑地，变成保土、保水、保肥的三保地。

红：板贵乡的搬石造地工程，让很多村民得到了宝贵的土地。有了土地种什么？苞谷是要种的，这是口粮。中国南方喀斯特研究专家熊康宁教授经过多年对不同等级石漠化区生态恢复的研究，针对板贵乡特殊地理位置，提出控制黑山羊放养、大规模种植花椒的建议。

如今的三家寨，放眼远望，只见崇山峻岭，千山万壑。一块块梯田层层排列，错落有致，成片的玉米成熟了，在阳光下泛着金黄，一片片花椒林在石旮旯里泛出翠绿，枝繁叶茂，叶间簇簇红果实，饱满欲滴。

坡改梯工程，惠及板贵乡民。三家寨村谭明玉原有约0.53公顷坡地，经过搬石造地，土地增加三分之一。粮食已能自足，根据专家意见，谭明玉拿出约0.07公顷地种花椒。约0.07公顷地种花椒150株，3年后，150棵花椒树全部结籽，每棵树至少收干花椒1千克，每500克干花椒卖30多元，这笔收入对当地村民来说，非常可观。

石漠化重灾区的板贵乡三家寨，经历了黑、白、红三种色彩不可思议的神奇转化。我很想知道这种转化，对于整个石漠化地区的意义。我特地向长期与"石魔"进行较量的熊康宁教授请教。熊教授说："近几十年来，越来越多的农村人口挤压在越来越少的耕地上，成了一个难解的死结。没有地，就去烧荒。大量的植被被毁。从目前的研究来看，人为的因素，是石漠化产生和不断扩展的主要原因。板贵乡一带，是传统黑山羊基地，有限的土地，无节制放养，大面积植被被啃噬，造成白石裸露。搬石造地之后，土地略有增加，这时，就必须严格控制放养。黑山羊是当地村民重要经济收入，要控制黑山羊，就要找到与之相适应的经济作物来补偿。我们特别推荐种花椒。既可增加收入，又能保持水土。所以，板贵模式，很值得借鉴。石漠化，是完全可以治理的。"

【查耳岩村：遍地花椒】

我看过一部电视连续剧，叫《绝地逢生》，写的是盘江村人种花椒脱贫致富的故事。故事的原型与背景，以北盘江查耳岩村为主要依据。没想到，我还有机会来到这个故事发生地、北盘江镇的查耳岩村进行采访。

查耳岩村，是石漠化治理最成功的一个示范区。我们一行 6 人，吃住在村民饶大友家里。饶大友一家是查耳岩村石漠化治理的最大受益者。以前住 3 间小平屋，现在是漂亮的两层楼房，宛若别墅。这让我大出意外。那天晚上，风雨大作，我和饶大友促膝长谈。

饶大友今年 46 岁。夫妻俩，一儿两女，儿子在外打工，两女都已出嫁。他很自豪地告诉我，他的两个女儿婚礼办得很风光，嫁妆颇丰，有洗衣机、有摩托车，这在当地很少见。他说，现在手里有钱，日子过得舒畅，生活一天比一天好。

这是中国南方石漠化地区百姓生产生活的真实缩影。石漠化是喀斯特地区土地退化的极端形式，也是中国三大生态问题之一，范围涉及贵州、云南、广西等多个省区，水土流失严重的地方寸草不生，百姓"越穷越垦、越垦越穷"，最后陷入"无水可饮，无地可耕，无柴可烧"的绝地。

[卷三] 喀斯特景观下的人类

他希望我们常来查耳岩村看看，石旮旯里，也有好日子。

我相信他的话发自内心。饶大友的发达，完全是种花椒改变了他一生的命运。不止他一个人，整个查耳岩村人，通过种花椒，都走上了富裕之路。现在，除了种花椒，他们还种金银花。金银花的经济效益同花椒一样令人鼓舞，这也是熊康宁教授为他们提供的又一条致富途径。

10 年前的饶大友，住在山坡下的一处平房里。种苞谷为生。全村没有一处地方是平地，都是常见的石旮旯地。当时，饶大友也有十来亩地，按理说是个不小的数，一家 5 口人，吃饭总能解决吧。可实际情况是，那些地里都是白石头，一年打下的苞谷，不到半年就吃完了。饶大友不得不开垦新坡地。先用火把石缝间的草木烧尽，再种苞谷。这样不停地开垦，也有 1.3 多公顷。可就是这样不停地开荒种地，仍然食不果腹。全村人均吃粮不到 100 千克，年人均收入不足 200 元，村民要靠政府救济艰难度日。

我曾问及饶大友，那时除了种苞谷，还有别的收入吗？饶大友说了一件事。查耳岩村有一种奇特的石头，特别像太湖石，是园林里极好的山景，当时很多外地人坐在村里收购。村民们随便到山上挖块石头，就能值几百元，觉得不可思议。一时间，满山都是找园林石的村民。饶大友也不例外，加入寻石行列。他说，最贵的一块园林石，曾卖出 1.2 万元的价。

由于园林石多数埋在地下，需要不停地挖掘。查耳岩村的山头，几乎被挖了个遍。园林石挖出之后，地上就是一片狼藉。这里雨水多，稀薄的土壤一冲就流走，留下越来越多的白岩石。有时错过季节，连苞谷都无法种植。园林石是卖了一些钱，但村里的白岩石越长越多，全村人仍然过着贫穷的日子。

一直到石漠化问题专家熊康宁教授到来，查耳岩村才开始发生天翻地覆的变化。从 2000 年开始，熊教授数次踏入这片白石区，结合当地的特殊地理气候环境，认为在查耳岩村种植花椒，是最理想的选择。他挨家挨户向村民们宣传种花椒可以脱贫致富。一开始很多人不相信，把种下的花椒苗拔了，再种上苞谷。

传统的耕作在短时间里难以改变，需要耐心宣传。陈永毕老师当时还是熊教授的研究生。面对被拔掉的花椒苗，他并不气馁。他自己开着三轮车，前往城里买花椒苗，然后再免费送给村民，免费给他们栽植。一次，陈老师从城里购买花椒苗回来，半途下雨，山路陡滑，三轮车没刹住，一下子翻下山沟。幸好山沟不深，才捡回一条性命。陈老师回忆起当时惊险的一幕，至今仍心有余悸。

查耳岩村的百姓终于同意试种。其中就有饶大友，他把能种树的地方，房前檐后，都种了花椒树。花椒需要两年生长期才能挂果，一旦挂果，就开始有收益。现在，饶大友家花椒种植面积已超过1.3公顷，今年纯收入达3万多元。他说，村里还有很多花椒大户，一年收入五六万元。

查耳岩村百姓种植花椒致富的消息，一下子传遍花江附近的几个山寨。顶坛片区，涉及贞丰县平街、北盘江、者相3个乡镇，有14个行政村。村村都种上花椒，顶坛片区花椒种植已超过4000公顷。根据南方喀斯特研究院提供的资料，顶坛片区的水土流失防治率达94%，土地石漠化治理率达92%，森林覆盖率从20世纪70年代初的6.7%上升到现在的70%，为喀斯特石漠化治理，创建了一个可借鉴的顶坛模式。

顶坛片区农民通过种植花椒，年人均纯收入已达5000多元，是全省农民年人均纯收入的2.5倍，超过了全国平均水平。如果你从贞丰县城往东北，到达查耳岩村，一路地势峰回路转，烈日炙烤下，可见看见漫山遍野都是绿色的花椒林，空气中散发出奇异的芳香。

图书在版编目（ＣＩＰ）数据

南方秘境：中国喀斯特地理全书/朱千华著. --
北京：中国林业出版社，2013.12（地理中国）
ISBN 978-7-5038-7295-2

Ⅰ.①南… Ⅱ.①朱… Ⅲ.①喀斯特地区－中国 Ⅳ.① P931.5

中国版本图书馆 CIP 数据核字 (2013) 第 298493 号

策划出品：北京图阅盛世文化传媒有限公司

责任编辑：张衍辉　董立超

稿件统筹：李素云

图片提供：搜图网 www.sophoto.com.cn

出版 / 中国林业出版社（北京市西城区刘海胡同 7 号）

电话 / 010-83223789

印刷 / 北京雅昌彩色印刷有限公司

开本 / 787mm × 1092mm 1/16

印张 / 15

版次 / 2014 年 3 月第 1 版

印次 / 2014 年 3 月第 1 次

字数 / 175 千字

定价 / 68.00 元